A 类石油石化设备材料监造大纲

（石油专用设备分册）

中国石油化工集团有限公司物资装备部　编

内容提要

《A 类石油石化设备材料监造大纲》是中国石油化工集团有限公司物资装备部总结以往监造管理工作经验，结合设备材料监造管理制度及相关标准的要求，形成的一套工具书。分为《材料》《阀门管件》《石化专用设备》《石化转动设备与电气设备》《石油专用设备》五个分册，是 A 类石油石化设备材料监造管理工作制订的技术规范。明确实施监造设备材料的关键部件、关键生产工序，以及质量控制内容，规范中国石化设备材料监造工作流程和质量控制点，是委托第三方监造单位开展 A 类石油石化设备材料监造管理工作的指导用书。

《A 类石油石化设备材料监造大纲》适合从事石油石化设备材料采购、物资供应质量管理、生产建设项目管理、设备技术管理、工程设计等相关人员阅读参考。

图书在版编目（CIP）数据

A 类石油石化设备材料监造大纲 . 5，石油专用设备分册 / 中国石油化工集团有限公司物资装备部编 . —北京：中国石化出版社，2020.5

ISBN 978-7-5114-5747-9

Ⅰ . ① A… Ⅱ . ①中… Ⅲ . ①石油化工设备—制造—监管制度②石油化工—化工材料—制造—监管制度 Ⅳ . ① TE65

中国版本图书馆 CIP 数据核字（2020）第 065465 号

中国石化出版社出版发行

地址：北京市东城区安定门外大街58号
邮编：100011　电话：（010）57512500
发行部电话：（010）57512575
http：//www. sinopec-press. com
E-mail：press@ sinopec. com
北京科信印刷有限公司印刷
全国各地新华书店经销
*
710 × 1000 毫米 16 开本 80.5 印张 1232 千字
2020 年 6 月第 1 版　2020 年 6 月第 1 次印刷
定价：320.00 元（全五册）

编写组

主　　编： 张兆文

副 主 编： 孙树福　余良俭　张　铦

编写人员： 娄方毅　田洪辉　傅　军　刘　旸　王洪璞　王瑞强
陈生新　陶　晶　刘长卿　程　勇　赵保兴　曲吉堂
张冰峻　王秀华　王　磊　唐晓渭　王志敏　夏筱斐
王宇韬　郭　峰　吴　宇　杨　景　陈明健　解朝晖
章　敏　胡积胜　张海波　葛新生　周钦凯　王　勤
田　阳　郑明宇　邵树伟　华　伟　时晓峰　方寿奇
贺立新　魏　嵬　赵　峰　张　平　李　楠　刘　鑫
李科锋　孙亮亮　付　林　郑庆伦　华锁宝　李星华
赵清万　李　辉　易　锋　陈　琳　杨运李　王常青
康建强　吴晓俣　吴　挺　刘海洋　陆　帅　李文健
田海涛　陈允轩　吴茂成　蔡志伟　李　波　孙宏艳
肖殿兴　朱全功　赵付军　姚金昌　鄢邦兵

审核人员

秦士珍　李广月　尉忠友　龚　宏　赵　巍　谭　宁

王立坤　方紫咪　曲立峰　崔建群　毛之鉴　黄　强

沈　珉　邓卫平　李胜利　柯松林　刘智勇　黄　志

黄水龙　刘建忠　徐艳迪

序言

PREFACE

为落实质量强国战略，中国石化坚持“质量永远领先一步”的质量方针，高度重视物资供应质量风险控制，致力打造基业长青的世界一流能源化工公司。设备材料制造质量直接影响石油石化生产建设项目质量进度和生产装置安稳长满优运行，是本质安全的基础。对设备材料制造过程实施监造，开展产品质量过程监控，是中国石化始终坚持的物资质量管控措施。

对于生产建设所需物资，按照其重要程度，实行质量分类管理。对用于生产工艺主流程，出现质量问题对安全生产、产品质量有重大影响的物资确定为A类物资，对A类物资实施第三方驻厂监造。多年来中国石化积累了丰富的监造管理经验，为沉淀和固化行之有效的经验和做法，物资装备部2010年组织编写并出版发行了《重要石化设备监造大纲》（上册），包括加氢反应器、螺纹锁紧环换热器、压缩机组、炉管等共19大类设备；2013年组织编写并出版发行了《重要石化设备监造大纲》（下册），包括烟气轮机、聚酯反应器、冷箱、空冷器、阀门、管件等共17大类设备材料。

为持续提高物资供应质量风险防控能力和质量管理水平，2017年6月启动了A类设备材料监造大纲制（修）订工作。历时两年半，于2019年12月完成了《A类石油石化设备材料监造大纲》制（修）订工作，将85个A类石油石化设备材料监造大纲汇编为材料、阀门管件、石化专用设备、石化转动设备与电气设备、石油专用设备等5个分册。本次监造大纲制（修）订充分吸收了监造单位、设计单位、制造厂和使用单位的意见，并将中国石化设备材料监造管理制度及相关采购技术标准的要求纳入监造大纲内容，明确了原材料、重要部件、关键生产工序等质量控制范围，规范了监造工作流程、质量控制点和控制内容，是开展A类石油石化设备材料监造工作的指导性文件。

对参与编写工作的上海众深科技股份有限公司、南京三方化工设备监理有限公司、合肥通安工程机械设备监理有限公司和陕西威能检验咨询有限公司；参与审核工作的中国石油化工股份有限公司胜利油田分公司、齐鲁分公司、长岭分公司、安庆分公司、天然气分公司，中国石化集团扬子石油化工有限公司，中石化工程建设有限公司、洛阳工程有限公司、宁波工程有限公司、石油工程设计有限公司，中国石化集团南京化学工业有限公司化工机械厂，中石化四机石油机械有限公司、石油工程机械有限公司沙市钢管厂，江苏中圣机械制造有限公司、燕华工程建设有限公司、沈阳鼓风机集团股份有限公司、大连橡胶塑料机械有限公司、天津钢管集团股份有限公司、南京钢铁集团有限公司、中核苏阀科技实业股份有限公司、成都成高阀门有限公司、合肥实华管件有限责任公司、浙江飞挺特材科技股份有限公司、宝鸡石油机械有限责任公司、上海神开石油设备有限责任公司、胜利油田孚瑞特石油装备有限责任公司、江苏金石机械集团有限公司等，在此表示感谢。

A类石油石化设备材料监造大纲，虽经多次研讨修改，由于水平有限，仍难免存在缺陷和不足之处，结合实际使用情况和技术进步需要不断完善，欢迎广大阅读使用者批评指正。

编委会

2019年12月16日

目录

CONTENTS

石油钻机
监造大纲

目　录

前　言

《石油钻机监造大纲》是参照GB/T 1.1—2009《标准化工作导则　第1部分：标准的结构和编写》给出的规则起草。

本大纲由中国石油化工集团有限公司物资装备部提出。

本大纲为首次发布。

本大纲起草单位：陕西威能检验咨询有限公司。

本大纲起草人：赵付军、魏嵬、赵峰、张平、姚金昌。

石油钻机监造大纲

1 总则

1.1 内容和适用范围。

1.1.1 本大纲主要规定了采购单位（或使用单位）对石油钻机制造过程监造的基本内容及要求，是委托驻厂监造的主要依据。

1.1.2 本大纲适用于石油天然气工程中使用的电驱动成套钻机及钻井设备制造过程监造，同类设备可参考使用。

1.1.3 本大纲中具体技术要求如与采购技术文件不一致时，原则上应以采购技术文件为准。

1.2 监造工作的基本要求。

1.2.1 监造人员要求。

1.2.1.1 监造人员应与所在监造单位有正式劳动合同关系。

1.2.1.2 监造人员应严格依据监造委托合同，履行监造职责，完成监造任务。

1.2.1.3 监造人员应持有不低于中国设备监理协会颁发的专业设备监理师资格证书，监造人员有二年（或以上）的监造工作经验，在相应专业岗位工作三年以上。

1.2.1.4 监造人员应熟悉监造物资的制造工艺，掌握制造过程中的质量技术要求和检验试验关键控制点。

1.2.1.5 监造人员在监造活动过程中应遵守有关保密约定和规定。

1.2.1.6 监造人员应遵守制造厂HSSE或安全生产管理制度的相关规定，严格执行劳保着装和安全防护要求。

1.2.2 监造工作程序。

1.2.2.1 监造人员在开始监造的10个工作日内，对制造厂的人员资质、生产工艺、装备能力和质保体系运行情况进行检查和评估，并向委托方提供质量风险评估报告，明确风险等级（高、中、低、无）。

1.2.2.2　监造单位在收到采购技术文件后，10个工作日内编制完成《监造大纲》。

1.2.2.3　监造单位在获得设计相关图样、制造工艺、质量控制计划、生产进度计划后，15日内编制完成《监造实施细则》。

1.2.2.4　监造人员应配备必要的用于平行检查且检定合格的检测器具。

1.2.2.5　监造人员应按委托方的通知或有关要求参加或组织召开预检验会议，与制造厂对接确定检验试验计划和质量控制点，并经委托方确认。

1.2.2.6　监造人员应组织制造厂质量、技术、生产及经营（项目管理）等相关部门召开监理周例会，通报监造工作情况，协调解决质量进度问题，结合生产进度计划安排后续监造工作，并形成会议纪要。

1.2.2.7　监造人员在监造实施过程中，如发现质量隐患、质量问题以及可能影响交货期的重大因素时，应及时报委托方，并以书面形式通知制造厂，要求制造厂采取有效措施予以整改，若制造厂延误或拒绝整改时，可责令其停工。

1.2.2.8　对于原材料、外购件以及外协加工、外协检测和外协检验试验等过程，监造人员应重点审查质量证明文件、外协单位资质、人员资质、工艺文件和检验试验报告等。并依据监造实施细则和检验试验计划中设置的监造访问点，实施质量控制。

1.2.2.9　实施监造的物资经现场监造人员确认符合标准规范和订单约定后按发货批次开具监造放行单，并报委托方。

1.2.2.10　全部监造工作完成后，应于30日内完成监造总结报告交付委托方。

1.3　监造单位应提交的文件资料。

1.3.1　目录（含页码）（必须）。

1.3.2　产品质量监造报告书（必须）。

1.3.3　监造工作总结（必须）。

1.3.4　监造大纲（必须）。

1.3.5 监造实施细则（必须）。

1.3.6 监造周报（必须）。

1.3.7 设计变更通知及往来函件（如有）。

1.3.8 监造工作联系单（如有）。

1.3.9 监造工程师通知单（如有）。

1.3.10 会议纪要（如有）。

1.3.11 监造放行单（必须）。

1.4 主要编制依据。

1.4.1 GB/T 26429 设备工程监理规范。

1.4.2 GB/T 12668.1 调速电气传动系统第一部分：一般要求 低压直流调速电气传动系统额定值的规定。

1.4.3 GB/T 2820.1 往复式内燃机驱动的交流发电机组。

1.4.4 GB/T 3797 电气控制设备。

1.4.5 GB 4208 外壳防护等级（IP 等级）

1.4.6 GB 7251.1 低压成套开关设备和控制设备 第 1 部分：型式试验和部分型式试验成套设备。

1.4.7 GB/T 17744 石油天然气工业 钻井和修井设备。

1.4.8 GB/T 19190 石油天然气工业 钻井和采油提升设备。

1.4.9 GB/T 20136 内燃机电站通用试验方法。

1.4.10 GB/T 20174 石油天然气工业 钻井和采油设备 钻通设备。

1.4.11 GB/T 23505 石油钻机和修井机。

1.4.12 GB/T 25428 石油天然气工业 钻井和采油设备 钻井和修井井架、底座。

1.4.13 GB/T 50058 爆炸危险环境电力装置设计规范。

1.4.14 GB/T 50254 电气装置安装工程低压电器使用及验收规范。

1.4.15 GB/T 50257 电气装置安装工程爆炸和火灾危险环境电气装置施工及验收规范。

1.4.16 SY/T 5030 石油天然气工业 柴油机。

1.4.17 SY/T 5053.2 钻井井口控制设备及分流设备控制系统规范。

1.4.18 SY/T 5080 石油钻机和修井机用转盘。

1.4.19 SY/T 5244 钻井液循环管汇。

1.4.20 SY/T 5323 石油天然气工业 钻井和采油设备 节流和压井设备。

1.4.21 SY/T 5532 石油钻井和修井用绞车。

1.4.22 SY/T 5530 石油钻机和修井机用水龙头。

1.4.23 SY/T 5612 石油钻井液固相控制设备规范。

1.4.24 SY/T 6276 石油天然气工业健康、安全与环境管理体系。

1.4.25 SY/T 6408 钻井和修井井架、底座的检查、维护、修理与使用。

1.4.26 SY/T 6680 石油钻机和修井机出厂验收规范。

1.4.27 SY/T 6586 石油钻机现场安装及检验。

1.4.28 SY/T 6727 石油钻机用液压盘式刹车。

1.4.29 SY/T 6801 石油钻机用液压盘式刹车安装、使用、维护。

1.4.30 SY/T 6918 石油天然气工业钻井和修井设备 钻井泵。

1.4.31 SY/T 6919 石油钻机和修井机涂装规范。

1.4.32 SY/T 10041 石油设施电气设备安装一级一类和二类区域划分的推荐做法。

1.4.33 API Spec 4F 钻井和修井井架、底座规范。

1.4.34 API Spec 7K 钻井和井口操作设备规范。

1.4.35 API Spec 8C 钻井和采油提升设备规范。

1.4.36 API Spec 9A 钢丝绳规范。

1.4.37 AWS D1.1/D1.1M 钢结构焊接规范。

1.4.38 采购技术文件。

2 通用过程检验

2.1 原材料。

2.1.1 依据采购技术文件，审核型材、管材、钢板、销轴、安全销、安全别针、钢丝绳等原材料质量证明书，对材料牌号、规格、化学成分、热处理状态、无损检测、尺寸进行审查。

2.1.2 依据采购技术文件抽样检查结构件下料尺寸。

2.1.3 检查原材料标识移植，保持可追溯性。

2.1.4 审查焊接材料质量证明文件，焊材保管记录，检查焊材库储存环境及焊材保存状态。

2.1.5 如为低温钻机，应根据采购技术文件要求见证低温冲击或审查原材料低温冲击试验报告。

2.2 焊接。

2.2.1 审查焊工资质，焊工应持有相应类别的有效焊接资格证书。

2.2.2 审查焊接工艺规程。

2.2.3 作业中所使用材料应符合采购技术文件要求。

2.2.4 依据焊接工艺规程检查焊接准备，包括母材坡口形式、坡口尺寸、表面处理、组对尺寸、焊材牌号及外观。

2.2.5 焊接方法、焊接过程参数应符合焊接工艺规程要求。

2.2.6 检查焊缝尺寸及外观。

2.2.7 依据采购技术文件及标准检查焊接返修次数。

2.3 无损检测。

2.3.1 无损检测人员应持有产品标准中规定的方法、级别的有效证书。

2.3.2 制造厂应对所有采购技术文件中规定的关键焊缝进行100%的目视检验。

2.3.3 采购技术文件中规定的关键焊缝应按照采购技术文件比例及方法进行无损检测并提供报告。

2.3.4 检查检测区域的覆盖。

2.3.5 无损检测所用样块、样片、检测灵敏度应符合无损检测工艺要求。

2.3.6 见证无损检测过程，过程参数应符合工艺要求，并与校验过程方法一致。

2.3.7 检查制造厂无损检测仪器校验频率。

2.4 热处理。依据制造厂工艺要求检查热处理过程。

2.5 涂装与发运。

2.5.1 检查喷砂环境温度、湿度。

2.5.2 工件表面应达到规定的预处理要求。

2.5.3 油漆品牌、色号和规格应符合采购技术文件的要求。

2.5.4 涂层厚度应符合工艺和采购技术文件的要求。

2.5.5 检验干透性，用指触法检验，无凹馅及指印，轻模涂层表面无黏性。

2.5.6 外观检查，漆膜应均匀、细致、光亮、平整、颜色一致、不应有流挂和明显的刷痕。

2.5.7 附着力检验见证（若用户要求）。

2.5.8 依据采购技术文件检查出厂包装。

2.5.9 依据采购技术文件及工艺要求检查防锈油涂抹。

2.5.10 螺栓、螺柱、销轴、别针等散装连接件应在进行防锈处理后包装。

2.5.11 检查仪器、仪表的防寒（若用户要求）、防潮、防震、防腐保护。

2.5.12 检查外露部分和油、气、水管线接头的保护。

2.5.13 单体吊装件应在明显位置标识出重心和吊装位置。

2.5.14 检查捆扎状态及设备上零部件的稳固程度。

3 井架及底座检验

3.1 井架单件尺寸。

3.1.1 抽检主要结构件生产加工过程，包括放样、下料、刨边及组焊对工艺的符合性。

3.1.2 焊后尺寸应符合制造厂采购技术文件的要求。

3.1.2.1 检查井架各段组焊件尺寸。

3.1.2.2 检查人字架左、右前腿组焊件尺寸，人字架左、右后腿组焊件尺寸，人字架横梁组焊件尺寸。

3.1.2.3 检查二层台组焊件、套管扶正台组焊件（如有）、套管台组焊件（如有）、油管台（如有）组焊件尺寸。

3.2 井架卧装。

3.2.1 检查立柱全长直线度。

3.2.2 检查井架左右组合立柱大斜方尺寸。

3.2.3 检查井架各段间间隙及接触面积。

3.2.4 检查结构件安装过程，包括背横梁、套管扶正台、井架主要附件。

3.2.5 检查井架人字架整体组装尺寸，前后左右开档尺寸应符合采购技术文件及工艺要求。

3.2.6 检查井架有效高度，尺寸应符合采购技术文件要求。

3.2.7 检查二层台连接高度，尺寸应符合采购技术文件要求。

3.2.8 检查井架附件（辅助滑轮、维修台等）的配置与采购技术文件要求的符合性。

3.2.9 笼梯的配置、配套尺寸应符合采购技术文件要求。

3.2.10 对于塔形井架，抽样检查桁架结构连接件（包括杆件、井架大腿、横撑、斜撑、连接板等）的放样、下料尺寸，抽样检查连接件安装孔、定位孔尺寸精度及位置精度，检查结果应符合制造厂设计或铆焊工艺的要求。检查厂内井架组装过程中，桁架结构连接件按照组装标识的定位。

3.3 底座单件尺寸。

3.3.1 主要结构件的放样、下料、刨边应符合工艺要求。

3.3.2 组焊后检查左、右、前、后基座，人字架前腿、人字架后腿、人字架横梁，前立柱，后立柱，斜立柱，立根台，转盘梁，绞车梁，气罐支架等零部件尺寸。

3.3.3 检查底座连接销轴孔。

3.3.3.1 前立柱、后立柱、斜立柱两端耳板销轴孔的尺寸、粗糙度、位置形位公差应符合工艺要求。

3.3.3.2 左、右、前、后基座，人字架前腿、人字架后退，立根台，转盘梁，绞车梁，气罐支架的单双耳板座连接销轴孔的尺寸公差、粗糙度应符合工艺要求（注：耳板座销轴孔的加工如在组焊后完成，则应检查两端孔的位置形位公差）。

3.4 底座卧装尺寸。

3.4.1 左、右、前、后上下基座与人字架前后腿、立根台、转盘梁，绞车前后梁、气罐支架各连接销轴孔的位置精度应符合工艺要求。

3.4.2 人字架前后腿与横梁连接的销轴孔位置精度应符合工艺要求。

3.4.3 防喷器移动导轨位置精度应符合采购技术文件及工艺的要求。

3.4.4 钻台面铺台平整度应符合SY/T 6680要求。

3.4.5 钻台面栏杆、上下梯子栏杆及人字架梯子的平整度应符合SY/T 6680要求。

3.4.6 对于箱叠式底座，左右配置的上、中、下结构箱体的组焊精度应符合制造厂工艺要求；上箱体、中箱体、下箱体卧装后的整体外形尺寸精度应符合制造厂设计和工艺要求；箱体之间配焊的定位耳板销孔的加工精度及位置精度应符合制造厂的设计和工艺要求。

3.5 井架立装。

3.5.1 检查井架底部开裆尺寸。

3.5.2 检查井架垂直度，包括井架前后方向、左右方向。

3.5.3 检查井口对中尺寸。

3.5.4 检查顶驱导轨直线度。

3.6 静载荷试验。

3.6.1 检查负载加载过程，加载顺序、载荷应符合试验方案。

3.6.2 负载后，通过指重表检查负载值、液压系统压力值。

3.6.3 加载负荷每一挡，应持续试验方案中规定的时间。

3.6.4 从正面、侧面测量井架前后及左右位移量。

3.6.5 检查井架主要受力部位有无异常。

3.6.6 见证测量卸载后的残余变形量。

3.6.7 对关键焊缝进行外观检验。

4 转盘及独立驱动装置检验

4.1 装配。

4.1.1 检查齿轮装配精度、齿轮接触面积，齿侧间隙。

4.1.2 依据装配工艺，检查输入轴总成安装尺寸，包括轴、左右轴承、左右轴承座、轴承盖、密封、轴承润滑管线。

4.1.3 检查制动装置安装位置精度。

4.1.4 检查制动装置摩擦片和摩擦毂间隙。

4.1.5 依据气路接线图检查管线连接。

4.1.6 组装完成后检查转盘润滑油加注，审查润滑油型号，检查润滑油加注油位。

4.1.7 见证转台静平衡试验。

4.2 空运转试验。

4.2.1 依据设备标准审查运转试验大纲。

4.2.2 依据运转试验大纲，检查各档位分布，各档位转速、运转时间。

4.2.3 使用声级计检查噪声，距转盘外表面 1m，在不同方向测三点取平均值，噪声不超过标准要求数值。

4.2.4 见证最高转速试验，检查最高转速及最高转速下运转时间，齿轮副啮合是否存在异常响声，测试轴承及油池温升。

4.2.5 见证惯性刹车制动性能。

4.2.6 检查密封性，各密封处不应出现渗、漏油现象。

4.2.7 试验后检查转盘内腔清洁度。

5 绞车检验

5.1 配套设备。

5.1.1 审查减速箱质量证明文件。

5.1.2 审查电机质量证明文件，包括品牌、型号、转速、功率、电流、电压、频率、防爆等级、防护等级，以上参数应符合采购技术文件。

5.1.3　审查自动送钻装置（如配置），电机、减速箱参数、离合器形式。

5.1.4　审查液压盘式刹车质量证明文件，包括形式、型号、工作压力、最大刹车负荷。

5.1.5　检查刹车盘（液压盘刹）尺寸，包括厚度、外径、止口尺寸。

5.1.6　审查刹车盘（液压盘刹）两侧表面硬度值。

5.1.7　使用标准样板检查滚筒绳槽机加工尺寸，检查滚筒绳槽外观。

5.1.8　审查档绳辊材质，检查档绳辊尺寸。

5.1.9　见证滚筒静平衡试验或审查试验记录，如为水冷，轴与冷却水管一起进行。

5.2　装配。

5.2.1　检查主、副墙板滚筒轴孔、传动轴孔的加工尺寸，包括孔径、孔距、同轴度。

5.2.2　检查主、副墙板间距。

5.2.3　检查主、副墙板与底座垂直度。

5.2.4　检查轴承与轴装配热装方式、热装温度，加热是否均匀。

5.2.5　检查滚筒轴、传动轴及动力输送轴与壳体的安装是否干涉，手动检查灵活程度。

5.2.6　检查电机输出轴与减速箱输入轴的安装同轴度、减速箱输出轴与绞车轴的安装同轴度。

5.2.7　液压盘刹装置安装时，检查刹车钳架内圆弧面与刹车盘外圆弧面同轴度、两圆弧间隙。

5.2.8　检查刹车块与刹车盘面间隙。

5.2.9　见证气路管线密封试验，检查系统压力、保压时间、压降。

5.2.10　检查润滑油路管线安装排布位置、固定状态。

5.2.11　见证齿式和牙嵌式离合器反复摘挂过程，应操作灵活、动作准确、挂合可靠。

5.2.12　检查气胎离合器的进气时间、放气时间。

5.2.13　检查铭牌，内容应包括产品型号、名称、额定输入功率、输入转速、最大快绳拉力、钢丝绳直径、提升能力、外形尺寸、质量、出厂日期及制造厂名称和商标。

5.2.14　检查绞车润滑点示意图，示意图应位于绞车采购技术文件规定位置。

5.3　空运转试验。

5.3.1　试车前检验。

5.3.1.1　绞车各部件应检验合格，装配质量应符合采购技术文件的规定。

5.3.1.2　供气、供水系统能正常工作。

5.3.1.3　强制润滑系统的油箱应按试车规程的要求加入足量润滑油。

5.3.1.4　依据试车规程的要求，准备经计量测试部门检定合格的检验仪器以及设备。

5.3.1.5　观察各系统管道是否存在渗漏、滴漏、泄漏等现象。

5.3.2　空运转试车。

5.3.2.1　检查各挡的空运转时间。

5.3.2.2　检查润滑系统压力值。

5.3.2.3　检查润滑系统是否润滑正常。

5.3.2.4　检查润滑系统是否存在泄漏或阻塞现象。

5.3.2.5　检查报警装置，分别模拟润滑系统（温度、压力）、冷却系统（温度、水位、流量）、润滑系统和冷却系统断流、电机风机未启动等非正常工作状态，当上述情况任何一项出现时，检查报警装置的反馈准确性和灵敏程度。

5.3.3　气控系统检查。

5.3.3.1　检查绞车气动控制元件是否操作灵活、准确。

5.3.3.2　检查调压阀操作，相应的调压继动阀是否随调节压力连续、稳定的升高或降低。

5.3.3.3　检查气动离合器摩擦片的抱合、脱开时间。

5.3.4　换挡装置检查。

5.3.4.1　检查离合器摘挂挡次数，换挡机构是否摘挂灵活、动作是否准确；

5.3.4.2　检查气胎离合器进气时间，放气时间。

5.3.5　温升检查。在绞车空运转试车换挡时及各挡空运转完成后，各轴承座外壳处测得的温升应小于45℃且轴承外壳最高不应超过85℃。

5.3.6　噪声检查。在绞车空运转试车及各挡空运转时测量噪声，噪声检测时应去除环境噪声。

6　大钩检验

6.1　尺寸。

6.1.1　大钩提环处圆弧半径及大钩接触面半径尺寸应符合API Spec 8C相关规范的要求。

6.1.2　主要承载件的加工尺寸符合制造厂的工艺要求，并检查如下尺寸。

6.2.2.1　检查提环*R*圆弧尺寸、提环销孔尺寸、提环外形尺寸。

6.2.2.2　提环座销孔尺寸、内孔尺寸、外形尺寸。

6.2.2.3　检查钩身*R*圆弧尺寸、钩身销孔尺寸、钩身外形尺寸。

6.2.2.4　检查钩杆销孔尺寸、外形尺寸。

6.2.2.5　检查筒体两端内孔尺寸、外形尺寸。

6.2.2.6　检查提环销轴外圆尺寸。

6.2　装配。

6.2.1　检查大钩行程，应符合设计要求。

6.2.2　检查钩身转动及制动装置，钩身应转动应灵活、平稳、制动位置准确。

6.2.3　检查钩口保险机构锁钩、解锁操作平稳。

6.2.4　检查钩体无渗漏油现象。

6.3　试验。

6.3.1　大钩的额定载荷试验应在专业试验装置上进行，试验装置达到API Spec 8C关于载荷试验装置的规范要求。

6.3.2　制造厂提供的大钩载荷试验报告，试验程序、项目和试验数据，应符合制造商试验大纲和API Spec 8C的要求。

7 水龙头检验

7.1 尺寸。

7.1.1 检查与大钩连接处圆弧半径及与大钩接触面半径尺寸，应符合API Spec 8C相关规范的要求。

7.1.2 检查水龙头与吊环的连接半径尺寸及接触面积、吊环与吊耳连接半径尺寸及接触面积，应符合API Spec 8C规范的要求。

7.1.3 主要承载件的加工尺寸。

7.2.3.1 检查旋转部分的中心管、接头尺寸。

7.2.3.2 检查固定部分的外壳、上盖、下盖（或机油盘根盒）。

7.2.3.3 检查鹅颈管、提环、提环销尺寸。

7.2.3.4 检查承转部分的主轴承、防跳（扶正）轴承、下扶正轴承。

7.2.3.5 检查密封部分的盘根装置和上、下弹簧密封圈尺寸。

7.2.3.6 检查旋扣部分的气控马达、齿轮、气控摩擦离合器装配尺寸。

7.2 装配。

7.2.1 检查水龙头鹅颈管、水龙带接头的连接螺纹。

7.2.2 检查中心管、接头、方钻杆的螺纹连接。

7.2.3 水龙头及附件安装、连接质量检查。

7.3 试验。

7.3.1 组装完成后应进行加载试验，试验载荷应符合SY/T 5530及制造厂试验大纲的要求。

7.3.2 水龙头应按照最大工作压力进行静压试验，稳压3min后，各密封处不应有渗漏。

7.3.3 制造厂提供的水龙头载荷试验报告、试验程序、项目和试验数据应符合制造厂试验大纲和SY/T 5530的要求。

8 天车检验

8.1 尺寸。

8.1.1 检查天车滑轮承载支架尺寸，承载支架端孔尺寸加工精度、孔形位公差。

8.1.2 检查孔侧端面精度。

8.1.3 检查天车安装底座面形位公差。

8.1.4 检查天车轴加工尺寸、形位公差。

8.1.5 检查滑轮加工尺寸、滑轮底槽*R*尺寸。

8.2 装配。

8.2.1 检查滑轮标记。

8.2.2 检查滑轮间距及灵活性。

8.2.3 检查天车主滑轮挡绳杆安装位置及数量。

8.2.4 检查天车及附件安装、连接质量。

9 游车检验

9.1 尺寸。

9.1.1 滑轮槽低圆弧半径及提环接触面半径尺寸应符合API Spec 8C规范的要求。

9.1.2 主要承载件的加工尺寸应符合制造厂的工艺要求。

9.2.2.1 检查滑轮轴加工尺寸、形位公差。

9.2.2.2 检查滑轮加工尺寸、滑轮底槽*R*尺寸。

9.2.2.3 检查吊梁架销孔尺寸、外形尺寸。

9.2.2.4 检查左、右侧板组安装孔加工精度、各孔的形位公差；

9.2.2.5 检查提环*R*圆弧尺寸、提环销孔尺寸、提环外形尺寸；

9.2.2.6 检查提环销轴外圆尺寸。

9.2 游车装配精度检验。

9.2.1 检查滑轮间距及灵活程度。

9.2.2 检查游车主滑轮防跳绳装置。

9.2.3 游车顶盖孔眼额定载荷标识检查。

9.3 试验。

9.3.1 见证滑轮槽硬度试验，结果应符合设计要求。

9.3.2 游车的额定载荷试验应在专业试验装置上进行，试验装置达到API Spec 8C关于载荷试验装置的规范要求。

9.3.3 制造厂提供的游车载荷试验报告，试验程序、项目和试验数据应符合制造厂试验大纲和API Spec 8C的要求。

10 泥浆泵检验

10.1 尺寸。

10.1.1 机架总成。

检查各孔加工精度及各孔的位置精度。

10.1.2 曲轴总成。

抽检主轴承螺栓、左右主轴承套、连杆、空心曲轴、大齿圈、左右主轴承端盖加工精度。

10.1.3 小齿轮轴总成。

抽检盘泵法兰、小齿轮轴、耐磨套、端盖、轴承套、键加工精度。

10.1.4 十字头总成。

抽检十字头、上下导板、挡泥板、中间拉杆、十字头销、十字头销挡板、连接螺栓、十字头轴承加工精度。

10.1.5 液力端总成。

抽检液缸总成、缸盖法兰、缸盖、插板总成、阀杆导向器（上、下）、缸盖堵头、定位盘、阀弹簧、阀总成、阀盖、耐磨盘、缸套法兰、缸套压盖、活塞杆、缸套锁紧环、缸套、卡箍总成、吸入法兰、活塞、缸套端盖加工精度。

10.1.6 动力端润滑总成。

抽检油泵齿轮总成、各铜管接头、定位块加工精度。

10.1.7 空气包。抽检法兰密封垫环、底塞、气囊、外壳总成、盖、三通、接头、排气阀双头连接螺栓加工精度。

10.1.8 剪切安全阀。抽检销轴、活塞总成、活塞杆、安全罩、剪销板、剪切销、阀体加工精度。

10.2 随机工具。

10.2.1 检查缸套吊装工具、液压拔阀器、空气包充气软管总成、手摇液压泵、插板取出工具。

10.2.2 检查加长杆、内六方长短套筒及扳手等专用工具。

10.3 装配。

10.3.1 检查十字头与机架的对中，机架前墙板的同轴度应符合制造厂装配工艺的要求。

10.3.2 曲轴总成的装配检查，各连杆轴承应转动灵活，连杆轴承支撑挡圈安装到位、螺栓防松可靠。

10.3.3 将十字头置于下导板的中部，检测十字头与上导板的间隙。

10.3.4 检查齿轮组装后的尺寸精度、径向跳动度、齿侧间隙。

10.4 试验。

10.4.1 额定载荷试验。

10.4.1.1 见证液力端静水压试验。包括承受排出压力零部件的静水压试验，承受吸入压力的铸件的静水压试验。

10.4.1.2 检查静水压试验步骤，初始保压、试验压力降至零、确认试验件外表面完全干燥、二次保压。

10.4.2 见证运转试验，每台出厂的泥浆泵均应进行运转试验，包括空运转、逐渐加载运转、负载运转试验。

10.4.2.1 泥浆泵在大于或等于80%额定输入功率条件下，连续运行的时间应不少于2h，总运转时间应不少于4h。

10.4.2.2 见证试验过程，泥浆泵应整体运转平稳，润滑正常，无异常响声和剧烈振动，无渗漏、零件失效等异常情况。

10.4.2.3 试验后检查十字头与导板的磨损拉伤情况、齿面有无点蚀现象。

10.4.2.4 泥浆泵动力端清洁度等应符合SY/T 6918规范的要求。

10.4.2.5　出厂运转试验后应检测齿轮齿面的接触面积，应符合SY/T 6918规范的要求。

10.4.2.6　见证排出空气包气密封试验，每个排出空气包总成在完成组装后应进行气密封试验。排出空气包总成加压至设计规定的最大充气压力，关闭截止阀，保压24h，气体压降应小于0.20MPa。

10.4.2.7　见证排出压力不均度检测，泥浆泵在负荷运转条件下用精度为10级的非抗震压力表和相匹配的压力传感器进行测量，其排出压力不均度应符合SY/T 6918规范的要求。

10.4.2.8　见证排出安全阀精度试验，每件排出安全阀均应进行开启压力试验，在规定的开启压力下，其开启精度要求应符合SY/T 6918规范的要求。

10.4.2.9　见证噪声检测，检测在泥浆泵运转试验过程中进行。泥浆泵自身的噪声应符合标准要求。

11　固控系统检验

11.1　配套设备。

11.1.1　根据采购技术文件要求，审查除砂除泥一体机（或除砂器和除泥器）、除气器、离心机和砂泵等设备质量证明文件。

11.1.2　核对配套设备数量，钻井液罐应根据采购技术文件和设计要求配置相应数量的搅拌器、泥浆枪和照明设备等。

11.1.3　审查泥浆监测仪表质量证明文件。

11.2　单机装配。

11.2.1　钻井液罐的安装。

11.2.1.1　检查罐内各隔仓间管路流程。

11.2.1.2　检查清砂口，每个隔仓应设有清砂口，开口下边缘应与罐底平齐或低于罐底。

11.2.1.3　罐面宜采用花纹钢板或钢板网，并留有进仓门泊麟子；进仓门宜采用铰链连接。

11.2.1.4　检查钻井液循环槽布局及位置，循环槽应分布于罐的一侧或端部，并有2%以上的坡度；钻井液通过循环槽可到达任一隔仓，并在每隔仓口处设有隔板。

11.2.1.5 钻井液泵的上水管线应能从每个罐的隔仓内抽吸钻井液（沉淀罐除外）。

11.2.1.6 混合加重装置通过吸入管汇应能分别抽吸各罐隔仓内的钻井液（沉淀罐除外）；加重后的钻井液可由排出管线输送至灌浆仓和其它罐的隔仓内；同时混合泵排水管线宜与各罐的低压钻井液枪相连。

11.2.1.7 审查橡胶密封件，所有的橡胶密封件应耐油、耐腐蚀，能满足使用各种钻井液的要求。

11.2.2 沉淀罐的安装。

11.2.2.1 罐上应配走道板，振动筛前端应有与筛同宽的排砂口、排砂口处加装集中排放槽。

11.2.2.2 除砂仓和除泥仓宜各配一个低压底部钻井液枪，带阀门和可转动的活接头。

11.2.2.3 除砂器、除泥器应各配一台离心砂泵，两台砂泵的进口管线应独立。

11.2.2.4 出口管线应单独或互换工作。

11.2.3 中间罐、吸入罐、储备罐的安装。

11.2.3.1 罐面应有安装搅拌器的支撑梁；选配离心机时，罐面应有安装离心机供液泵的支撑梁。

11.2.3.2 罐一侧应配安装离心机的支架。

11.2.3.3 中间罐、吸入罐及与上水罐相连的储备罐宜各配一个高压顶部钻井液枪，带闸板阀及可转向轴节。

11.2.4 罐附件的安装。

11.2.4.1 罐间应设人行走道，人行走道、罐边等应有安全防护栏杆和踢脚板。安全防护栏杆高度宜为1.05 ~ 1.20m，栏杆间的间距不宜大于20mm，并相互连接。栏杆下部应固定并有锁销。

11.2.4.2 梯子应设双边扶手，扶手下部应固定并有锁销。梯子与地面夹角不大于60°。

11.2.5　混合加重装置的安装。

11.2.5.1　检查砂泵、剪切泵、混合漏斗、吸入和排出管汇的安装。

11.2.5.2　至少配一个混合漏斗，包括喷嘴、文丘管、漏斗体及料台等。

11.2.6　检查各罐标识，包括罐容量、隔仓容量等参数。

11.2.7　检查罐上阀门编号和隔仓号，阀门开启方向标识，不同管线宜使用不同的颜色。

11.2.8　检查罐区布线。干线应采用电缆走线槽；支线采用穿管；电缆线在罐面应分布合理，穿管密封。走线槽宜安装在罐外一侧，槽内应有线卡；罐与罐之间电路应采用快插式接头连接。

11.2.9　振动筛。

11.2.9.1　应按指定吊装位置吊装。

11.2.9.2　应在罐体上固定安装。

11.2.9.3　筛口应伸出罐侧面30 ~ 50mm。

11.2.9.4　筛网应绷紧。

11.2.9.5　皮带应进行张紧。

11.2.10　除气器。

11.2.10.1　吸入管线入口应安装在罐内钻井液被充分搅拌的区域，并应设有滤网。

11.2.10.2　检查排气管线出口位置。排气管线应使用硬质管线，并进行固定。管线通径应大于75mm。

11.2.10.3　真空除气器应安装在振动筛和除砂器之间。

11.2.11　除砂器、除泥器。

11.2.11.1　进、出口管线宜短而直。

11.2.11.2　旋流体溢流排出管线出口应高于钻井液罐最高液面。

11.2.11.3　吸入管线入口处应有滤网。

11.2.12　离心机。

11.2.12.1　溢流管的倾角应大于45°，底流槽的倾角应大于60°。

11.2.12.2 安装位置不宜使处理后的回收固相和钻井液靠近泥浆泵入口。

11.2.12.3 卧式离心机应水平安装，四角水平高差应小于10mm。

11.2.13 搅拌器。

11.2.13.1 搅拌器应固定牢靠，连接杆应与罐面垂直。

11.2.13.2 检查叶片和连接杆完整性。

11.3 整体装配。

11.3.1 设备的安装应平整、稳固、对正、齐全、牢靠，各阀件灵敏可靠，管线畅通。

11.3.2 所有找平用垫铁不应超过三块，且点焊牢固。

11.3.3 旋转部件的护罩和安全装置应齐全、固定牢靠。

11.3.4 连接销应安装齐全、规格正确，并有安全保险销。

11.3.5 检查高架槽坡度，应保证有2% ~3%坡度。

11.3.6 各处管线应连接正确。采用气胎活接头连接的管线，应将气胎活接头充气至0.4 ~ 0.6MPa。

11.3.7 检查罐上照明系统，灯与罐面距离不少于2.3m，灯与灯之间的距离宜在3.0 ~ 4.5m，所有灯具应齐全、完好，固定牢靠。

11.3.8 梯子、走道和罐面上的栏杆应安装完整、牢固。

11.4 试验。

11.4.1 系统管路密封性能试验。

11.4.1.1 安装完成后，见证密封性试验，将各循环罐体内装满清水，各罐连接管线，阀门、底部阀不应有渗漏现象。

11.4.1.2 见证泥浆枪循环管线水压试验，检查试验压力、保压时间，在保压时间内，不得有渗漏现象，检查压降情况。

11.4.1.3 见证清水管线水压试验，检查压力值及保压时间，不应有渗漏现象。

11.4.2 固控设备通电运转试验。

11.4.2.1 检查振动筛、除砂、除泥清洁器、离心机、真空除气器通电试运转情况，检查电机、轴承温升。

11.4.2.2　检查搅拌器、灌注泵、混合泵试运转，检查电机、轴承温升。

12　电控系统检验

12.1　外购元器件。

依据采购技术文件审核主要外购设备及部件（包括变频器、可编程控制器、断路器、接触器、变压器、继电器、电缆、柜体等）的品牌、数量、型号、合格证、随机文件等。

12.2　柜内装配。

12.2.1　外购设备及部件使用前应进行外观检查。

12.2.2　检查柜内元器件安装位置。

12.2.3　检查柜内元器件安装稳固程度。

12.2.4　检查柜内元器件间连接电缆型号、线径。

12.3　柜间装配。

12.3.1　检查动力电缆连接紧固状态、规范性。

12.3.2　检查控制电缆通过端子排连接的规范性。

12.3.3　检查柜体间通信光缆或现场总线连接状态。

12.3.4　检查柜体间地线排、零线排安装符合性。

12.4　电控房体。

12.4.1　检查电控房体外观质量。

12.4.2　检查电控房体外形尺寸。

12.4.3　检查电控房体正压防爆、防护、房体密封情况。

12.4.4　检查电控房体室外声光报警设施安装位置及紧固状态。

12.4.5　房体主要承力结构件、起吊部分的焊接部分应进行无损检测。

12.4.6　检查房体安全门及门锁功能。

12.5　尺寸。

12.5.1　母排电气间隙检查。

12.5.2　柜体离地距离检查。

12.5.3　柜体宽度、深度及高度尺寸检查。

12.5.4　接插室接线铜排与连接螺栓安装距离检查。

12.6　标识。

12.6.1　柜内元器件标识应进行检查，标识标签不应遮挡元器件关键型号指示。

12.6.2　检查柜内控制线两端线号，线号应与电气原理图一致。

12.6.3　检查柜门面板指示灯、仪表、操作按钮等标识与面板设计的一致性。

12.6.4　检查柜体名称标识。

12.6.5　检查房体铭牌标识。

12.6.6　检查室外用电缆标识。

12.6.7　检查电控房接线室接插座和接线铜牌标识。

12.7　柜体功能试验。

12.7.1　发电机控制柜应根据采购技术文件进行调速、调压、并车、负荷分配、保护、应急功能检查。

12.7.2　开关柜应进行分合闸测试、主开关柜与辅助开关柜互锁功能测试、电压电流仪表显示检查。

12.7.3　依据供应商技术说明和采购技术文件对整流柜、逆变柜进行直流电压检查、VF模式输出功能检查。

12.7.4　检查自动送钻柜整流逆变功能。

12.7.5　PLC（可编程控制器）综合控制柜应依据采购技术文件进行PLC输入输出控制逻辑、面板显示与报警试验。

12.7.6　检查综合控制柜工控上位机功能（如有）。

12.7.7　见证软启动柜启动、停止、启动时间间隔、旁路转换等试验。

12.7.8　配电柜应进行输出电路的断路器分合测试，带有漏电保护器的断路器应进行漏电模拟测试。

12.7.9　能耗制动柜应进行能耗制动装置模拟动作测试，并对外置能耗电阻及散热风扇进行检查。

12.7.10　MCC（电机控制中心）柜应进行断路器分合闸功能检查、子站通讯功能检查、备用柜数量及功率检查，抽屉手柄操作性能检查。

12.7.11　检查电控系统线路耐压试验。

12.7.12　检查电控房内空调系统、照明系统、消防系统。

12.7.13　检查电控系统绝缘电阻。

12.8　涂装与发运。

12.8.1　产品铭牌内容检查，铭牌应安装于易于查看的位置，内容详实。

12.8.2　产品应装箱发运，各部件在箱内应固定牢固，避免相互碰撞。

12.8.3　应按标示吊装位置进行吊装。

13　外购配套设备

13.1　外购件包括发电机组、空气压缩机系统、顶驱系统、气动绞车和其它客户采购的设备。

13.2　外购件应采购技术文件要求。

13.3　外购件进厂后，应进行尺寸、外观、标识及文件资料审查。

14　钻机井场调试

14.1　井架底座低位安装。

14.1.1　井架各段安装。

14.1.1.1　检查立柱直线度，立柱全长直线度应＜0.5/1000，允差≤15mm，单片立柱直线度≤5mm。

14.1.1.2　井架左右组合立柱大斜方差尺寸≤15mm。

14.1.1.3　井架段间间隙及接触面积检查，各段间立柱端面接合面积应大于75%；间隙≤1mm，位置度允差及错边量≤1mm。

14.1.1.4　检查各结构件安装过程有无异常，包括背横梁、套管扶正台、井架附件等。

14.1.1.5　检查井架起升滑轮的组装，滑轮应转动灵活。

14.1.2　二层台安装。

14.1.2.1　检查安全防护设施的安装，安全护栏、安全锁链、护罩等应安装完整、牢固。

14.1.2.2　检查安全吊索和安全锁链安装状态。

14.1.2.3　检查二层台照明设施的安装位置、固定方式、防坠落保护。

14.1.2.4　检查二层台逃生设施的安装状态。

14.1.3　天车安装。

14.1.3.1　检查安全防护设施的安装，安全护栏、安全锁链、护罩等应安装完整、牢固。

14.1.3.2　检查滑轮挡绳杆位置、数量、牢固程度，防止钢丝绳跳出滑轮槽。

14.1.3.3　检查滑轮，每个滑轮应能自由转动，并且没有轴向摆动。

14.1.3.4　检查防碰梁的安装、螺母和螺栓的锁紧状态。

14.1.3.5　检查栏杆和安全防护装置的安装完整性及牢固状态。

14.1.4　检查底座上下前后基座安装。检查底座基座下平面、左右基座各对称连接孔的找平、找正。

14.1.5　检查液压管线位置，应排列整齐、固定可靠。所有接头、管线安装前应进行清洁，管螺纹处涂抹螺纹密封胶。

14.1.6　根据设计要求检查照明灯具、摄像头的安装锁紧、位置、防坠落保护。检查电缆防爆接头的安装情况是否满足防爆要求。

14.1.7　BOP 吊移装置安装。

14.1.7.1　检查导轨端部螺栓安装。两侧的防喷器移动装置推入导轨后，在导轨的端部应穿好螺栓防止防喷器移动装置滑出。

14.1.7.2　检查液压管线连接紧固程度。

14.1.7.3　检查管线配对编号，防止误接。

14.2　钻台面设备低位安装。

14.2.1　检查绞车、转盘及司钻房的安装定位、固定及安装水平精度。

14.2.2　检查综合液压站、盘刹液压站安装就位情况。

14.2.3　检查节流压井管汇，管汇安装支架应固定于底座上基座梁。

14.2.4　检查管线连接是否正确、紧固。

14.2.5　检查钢丝绳及附件是否完整安装。

14.3　柴油发电机房及空气系统安装调试。

14.3.1　燃油、润滑油、压缩空气供给检查。

14.3.1.1　检查管线连接紧固状况。

14.3.1.2　检查管线密封状态是否完好。

14.3.1.3　检查燃油、润滑油量是否充足。

14.3.1.4　检查压缩空气压力是否达到系统要求。

14.3.2　启停功能检查。

14.3.2.1　检查仪表显示是否正常。

14.3.2.2　检查启动、停止过程是否顺畅、可靠。

14.3.2.3　测试发动机急停功能是否正常。

14.3.3　怠速、满速检查。

14.3.3.1　检查怠速转速、满速转速是否到达系统要求。

14.3.3.2　检查怠速切换至满速过程是否顺畅，间隔时间是否达到系统要求。

14.3.4　电压频率输出检查。检查发电机输出电压、频率是否达到系统要求。

14.3.5　并车功能检查。

14.3.5.1　检查两台或两台以上柴油发电机能否顺利并车。

14.3.5.2　并车后检查两台或者两台以上柴油发电机负荷分配是否均衡。

14.3.5.3　测试并车后的发电机解裂是否顺畅。

14.3.6　空压机功能检查。

14.3.6.1　检查空压机、空气罐及各仪表管线连接状况。

14.3.6.2　检查空压机手动启动、停止功能是否正常。

14.3.6.3　检查空压机输出压力超出上下阀值时能否顺利自动停止或启动。

14.3.7　空气罐检查。

14.3.7.1　检查空气罐安全阀泄压功能。

14.3.7.2　检查空气罐压力表指示。

14.3.8　干燥器检查。

14.3.8.1　检查干燥器管线连接。

14.3.8.2　检查干燥器仪表指示。

14.3.8.3　检查干燥器启动、停止功能。

14.4　电控系统安装调试。

14.4.1　发电机控制柜功能检查。

14.4.1.1　检查发电机控制柜元器件安装状况，布线状况。

14.4.1.2　对调速、调压功能进行测试。

14.4.1.3　并网功能测试。

14.4.1.4　保护功能测试，包括过流、过压欠压、过频欠频、逆功率功能保护。

14.4.2　开关柜功能检查。

14.4.2.1　断路器合闸分闸功能检查。

14.4.2.2　联锁功能检查。

14.4.2.3　供电功能检查。

14.4.3　变频柜功能检查。

14.4.3.1　主回路电缆连接检查。

14.4.3.2　控制回路电缆连接检查。

14.4.3.3　柜体远程启停功能调试。

14.4.3.4　通讯功能调试。

14.4.3.5　速度给定调试。

14.4.4　PLC 柜功能检查。

14.4.4.1　柜体元器件安装检查。

14.4.4.2　布线检查。

14.4.4.3　PLC 输入模板信号检查。

14.4.4.4　PLC 输出模板信号检查。

14.4.4.5　PLC 与各单元通讯情况检查。

14.4.5　MCC 柜功能检查。

14.4.5.1　柜体元器件安装检查。

14.4.5.2　柜体布线及连接检查。

14.4.5.3　各单元符号标识检查。

14.4.5.4　各单元合闸、分闸检查。

14.4.5.5　各单元供电状况检查。

14.4.6　空调功能检查。

14.4.6.1　空调安装状态检查。

14.4.6.2　空调供电状态检查。

14.4.6.3　空调高压、低压铜管线检查。

14.4.6.4　空调制冷、制热状况检查。

14.4.7　电缆安装检查。

14.4.7.1　电缆标识检查。

14.4.7.2　电缆连接紧固状况检查。

14.4.7.3　电缆防护状况检查。

14.5　司钻房、绞车安装调试。

14.5.1　手柄按钮操作功能检查：

14.5.1.1　检查操作手柄、按钮，应操作灵活准确。

14.5.1.2　检查各部位密封。

14.5.1.3　检查润滑油压，润滑点油量。

14.5.1.4　见证运转过程有无异常噪声及振动。

14.5.2　检查控制电路、气路、液路、阀件，机、电、液控制回路应逻辑关系正确，控制阀件功能正常、压力表显示正常。

14.5.3　液压盘刹刹车功能检查。

14.5.3.1　释放紧急刹车按扭，平稳操作工作钳刹车手柄，观察工作钳刹车压力随刹车手柄角度增大而平稳增大，工作钳刹车应灵活可靠，无明显滞后现象（不超过1s）。

14.5.3.2　操作驻车刹车按扭，观察安全钳动作情况，安全钳应迅速制动抱紧刹车盘且无滞后现象。

14.5.3.3　操作紧急刹车按扭，观察工作钳与安全钳动作情况，工作钳与安全钳应迅速制动抱紧刹车盘且滞后现象。

14.5.3.4　释放所有刹车阀，操作防碰阀（各类防碰机构分别操作），盘刹工作钳与安全钳应同时迅速制动。

14.5.3.5　由钻机电控系统提供系统故障信号，盘刹工作钳与安全钳应同时迅速制动，解除系统故障信号后，工作钳与安全钳应同时释放刹车。

14.5.3.6　断开盘刹液压站系统电源，盘刹工作钳与安全钳应同时迅速制动。

14.5.3.7　断开绞车及司钻房的气源，盘刹工作钳与安全钳应同时迅速制动。

14.6　综合液压站、盘刹液压站安装调试。

14.6.1　安装检查。

14.6.1.1　检查液压站的安装、固定状况。

14.6.1.2　检查液压管线的连接状况。

14.6.1.3　检查液压站供电电源是否正常。

14.6.1.4　检查液压油油量是否充足。

14.6.2　液压站运行状况检查。

14.6.2.1　检查泵能否正常启停。

14.6.2.2　检查液压站冷却风扇能否正常工作。

14.6.2.3　检查液压站面板各指示灯、仪表、按钮是否工作正常。

14.6.2.4　检查液压管线密封状况。

14.6.2.5　检查液压站输出压力是否满足系统要求值。

14.6.2.6　检查液压站各部分部件温度是否在要求值内。

14.6.2.7　检查液压站蓄能气瓶压力是否正常。

14.7　进钻台面各电、气、液、水路安装调试。

14.7.1　动力、控制电缆安装调试。

14.7.1.1　检查绞车电机、转盘电机、自动送钻电机主电缆标识是否清晰，连接是否正确，插接件安装和连接是否牢固。

14.7.1.2　检查绞车电机、转盘电机、自动送钻电机的风机电缆标识是否清晰，连接是否正确，插接件安装和连接是否牢固。

14.7.1.3　检查绞车电机、转盘电机、自动送钻电机的编码器电缆标识是否清晰，连接是否正确，插接件安装和连接是否牢固。

14.7.1.4　检查进入司钻房、左右偏房的电缆标识是否清晰，连接是否正确，插接件安装和连接是否牢固。

14.7.1.5　检查司钻房、左右偏房的照明、空调和其它用电单元工作是否正常。

14.7.2　气路管线安装调试。

14.7.2.1　检查气路管线的连接是否正确、牢固，是否有漏气。

14.7.2.2　检查气路管线快接插头安装是否顺畅。

14.7.2.3　检查气源压力是否满足使用要求。

14.7.2.4　检查各气路所用电磁阀组、气控元件工作是否正常。

14.7.2.5　检查各气控元件动作的逻辑关系是否正确。

14.7.3　液压管线安装调试。

14.7.3.1　检查液压管线的连接是否正确、牢固，是否有漏油。

14.7.3.2　检查液压管线快接插头安装是否顺畅。

14.7.3.3　检查液压源压力是否满足要求。

14.7.3.4　检查液压受控元件工作是否正常。

14.7.3.5　检查液压受控元件动作的逻辑关系是否正确。

14.8　泥浆泵组安装。

14.8.1　机组就位检查。

14.8.1.1　检查泵的摆放位置是否满足井场布置要求。

14.8.1.2　检查泵的吸入管汇连接是否正确、牢固。

14.8.1.3　检查泵的排出管汇连接是否正确、牢固。

14.8.1.4　检查泵所有转动部分的防护措施是否完好、有效。

14.8.1.5　检查所有阀组的开启是否顺畅、灵活。

14.8.2　电机电缆安装检查。

14.8.2.1　检查泵的主电机、主电机风机电机、灌注泵电机、润滑油电机、喷淋泵电机的电缆标识是否清晰，电缆连接是否正确、牢固，插接件安装是否正确、牢固。

14.8.2.2　检查主电机紧停按钮功能是否有效。

14.8.3　空气包检查，检查空气包氮气压力是否符合要求。

14.8.4 安全阀检查，检查安全阀压力值设定是否要符合要求。

14.8.5 润滑油检查，检查泵的润滑油油量是否充足。

14.8.6 冷却水检查，检查泵的冷却水系统管线的连接是否正确、牢固。

14.9 固控系统安装及调试。

14.9.1 固控罐就位安装检查。

14.9.1.1 检查各罐基础水平度。

14.9.1.2 检查各罐位置是否按照井场平面图摆放。

14.9.1.3 检查罐与罐之间走道、罐边走道连接桥架及护栏的安全可靠性。

14.9.2 罐间管线安装。

14.9.2.1 检查由壬胶管连接、密封情况。

14.9.2.2 检查由壬钢管连接、密封情况。

14.9.3 电缆安装检查。

14.9.3.1 检查电缆走向、标识、防护。

14.9.3.2 检查防爆控制箱进出线接线密封性。

14.9.3.3 检查接地线位置、线径。

14.9.4 罐面设备安装调试。

14.9.4.1 检查各设备安装水平度。

14.9.4.2 检查设备接地。

14.9.4.3 检查绝缘。

14.9.4.4 检查防爆控制箱标识与电气设备标识的一致性。

14.9.4.5 检查各电器开关、接触器、电动机保护器、继电器、防爆按钮操作的灵活性，检查热继电器整定值。

14.9.4.6 动设备通电运转调试，检查转向、振动、噪声情况。

14.9.4.7 运转半小时，检查电机、轴承温升。

14.10 钻机仪表安装调试。

14.10.1 液位传感器、泵冲传感器、大钳扭矩传感器、大钩高度编码器、返浆流量传感器。

14.10.1.1 检查各传感器安装位置、安装方式。

14.10.1.2　检查传感器线缆走向、标识、防护。

14.10.1.3　检查各仪表精度及测量显示值。

14.11　井架底座起升调试。

14.11.1　井架底座试起升后，检查各受力部位焊缝。正式起升前，检查井架和底座受力部位有无焊缝开裂。

14.11.2　井架底座正式起升检查。

14.11.2.1　检查起升下放井架是否平稳；

14.11.2.2　检查井架首次离开高支架高度，复位后再正式起升。

14.11.2.3　检查底座正式起升前底座顶层离开底层高度，复位后再正式起升底座。

14.11.2.4　检查井架底座起放过程中的是否平稳，是否有干涉现象和异常响声。

14.11.3　井架底座起升最大稳定净钩载检查。

14.11.3.1　检查井架和底座起升下放工况时的最大钩载。

14.11.3.2　检查井架和底座起升下放工况时后基座最大跷起高度。

14.11.3.3　检查起放底座时最大稳定净钩载。

14.11.4　井口中心对中检查。找正井眼中心后，检查左右前后偏差。

14.12　钻台面设备高位安装。

14.12.1　高压立管安装检查。检查高压立管、立管压力表安装紧固状态，检查管汇的密封。

14.12.2　钻台面铺台安装。检查钻台面铺台平整度、铺台间隙，检查开孔是否有防护盖。

14.13　联合调试。

14.13.1　绞车提升下放调试。

14.13.1.1　检查绞车低速、中速、高速提升、下放功能，确保绞车运行平稳、无异常声响，温升正常。

14.13.1.2　检查绞车悬停功能是否正常。

14.13.1.3　检查绞车急停功能是否正常。

14.13.2　绞车滚筒排绳检查。

14.13.2.1　检查滚筒排绳是否整齐，滚筒转动后是否出现乱绳现象。

14.13.2.2　检查大钩处于最低位时，滚筒最小缠绳圈数。

14.13.3　防碰装置调试。

14.13.3.1　防碰装置的配置按照采购技术文件和制造厂设计执行，要求配置的防碰装置按照如下要求进行调试。

14.13.3.2　过圈防碰装置。检查过圈防碰杆长度是否合理、气路管线是否通畅、动作是否迅速、动作后绞车是否可靠停车。

14.13.3.3　天车防碰装置。检查防碰锤安装是否合理，拉出重锤后绞车是否可靠停车。

14.13.3.4　电子防碰装置。检查电子防碰上下高度设置是否合理，大钩高度超电子防碰上下限时绞车是否可靠停车。

14.13.4　转盘及独立驱动装置调试。

14.13.4.1　检查转盘及独立驱动装置低速、中速、高速运行是否平稳，无异常异响。

14.13.4.2　检查转盘惯刹动作是否灵活、可靠，惯刹在自动、强制模式下是否正确动作。

14.13.4.3　检查转盘机械锁定是否功能正常。

14.13.4.4　检查转盘运行油压是否正常。

14.13.4.5　检查轴承温升及轴承最高温度不应超过标准要求。

14.13.4.6　检查司钻房内转盘转速、扭矩表指示是否正常。

14.13.4.7　检查转盘运行调试后润滑油是否清洁。

14.13.5　动力及电传动控制系统调试。

14.13.5.1　检查柴油发电机组负荷限制功能调试。

14.13.5.2　检查柴油发电机组负荷分配是否平衡。

14.13.5.3　检查柴油机机油、冷却水温度。

14.13.5.4　检查电传动系统输出控制逻辑是否正确。

14.13.5.5　检查电控房采集数据是否正常。

14.13.6　套管扶正台调试。

14.13.6.1　检查扶正台上下运行是否流畅，无干涉。

14.13.6.2　检查电机自锁功能，限位保护功能。

14.13.7　上、卸扣液压猫头功能检查。

14.13.7.1　检查液压管线连接状况，是否存在漏油现象。

14.13.7.2　检查猫头安装固定情况。

14.13.7.3　检查猫头伸缩是否正确及顺畅。

14.13.7.4　测量猫头伸缩行程。

14.13.8　液压钻杆钳与液压套管钳功能检查。

14.13.8.1　检查液路、气路管线安装状况。

14.13.8.2　检查正反转功能。

14.13.8.3　检查大钳与套管钳移送缸行程是否足够。

14.13.8.4　检查大钳与套管钳提升距离是否足够。

14.13.8.5　检查操作是否灵活。

14.13.9　液压提升机调试（如配置）。

14.13.9.1　检查提升机上下运行是否平稳。

14.13.9.2　检查安全自锁功能是否正常。

14.13.9.3　负载能力是否符合要求。

14.13.9.4　运行刹车功能是否正常。

14.13.9.5　左右气动绞车功能调试。

14.13.9.6　检查排绳是否整齐。

14.13.9.7　检查双刹功能是否正常。

14.13.9.8　检查运转是否平稳、无异常噪声。

14.13.9.9　检查管线无泄漏。

14.13.9.10　检查手柄操作正确。

14.13.10　气动旋扣器旋转性能调试。

14.13.10.1　检查旋扣钳操作方向是否正确。

14.13.10.2　检查气路是否畅通，有无泄漏。

14.13.11　防喷器吊移装置调试。

14.13.11.1　检查液压管路连接状况。

14.13.11.2　检查操作台功能是否正确。

14.13.11.3　检查吊移装置负载是否符合设计要求。

14.13.11.4　检查左右装置行走是否顺畅，是否同速、同步。

14.13.12　电视监控系统调试。

14.13.12.1　检查摄像头安装是否牢固，电缆连接是否正确牢固。

14.13.12.2　检查主机安装是否牢固。

14.13.12.3　检查云台转动是否灵活，变焦是否清晰，画面切换是否正常。

14.13.13　自动送钻系统功能调试。

14.13.13.1　检查恒钻速模式功能。

14.13.13.2　检查离合器操作是否正常，与电机联锁是否正确。

14.13.14　泥浆罐循环调试。

14.13.14.1　检查泥浆罐管线连接是否存在泄漏。

14.13.14.2　检查各阀门开合是否顺畅。

14.13.14.3　导流槽流量是否充足。

14.13.15　高压管汇测试检查试压过程试验压力，保压时间，检查泄漏情况。

14.13.16　泥浆泵功能调试。

14.13.16.1　检查灌注泵启动停止功能是否正常。

14.13.16.2　检查润滑泵及润滑油压力是否正常，是否泄漏。

14.13.16.3　检查喷淋泵冷却功能是否正常。

14.13.16.4　检查泥浆泵运行振动、噪声、温升是否正常。

14.13.16.5　检查泥浆泵泵压是否平稳。

14.13.16.6　检查泥浆泵仪表指示是否正常。

14.13.16.7　检查泥浆泵并车是否正常，泵压是否稳定。

14.13.17　井架底座下放调试。

14.13.17.1　检查指重表载荷是否符合使用要求。

14.13.17.2　检查下放过程是否平稳，无干涉。

15　石油钻机驻厂监造主要质量控制点

15.1　文件见证点（R）：由监造人员对设备材料制造过程有关文件、记录或报告进行见证而预先设定的监造质量控制点。

15.2　现场见证点（W）：由监造人员对设备材料制造过程、工序、节点或结果进行现场见证而预先设定的监造质量控制点，且应包括相关文件见证点（R）质量控制内容。

15.3　停止点（H）：由监造人员见证并签认后才可转入下一个过程、工序或节点而预先设定的监造质量控制点，应包括相关现场见证点（W）和文件见证点（R）质量控制内容。

序号	零部件及工序名称	监造内容	文件见证点（R）	现场见证点（W）	停止点（H）
1. 井架	1. 制造厂资质	API资质证书/其它资质证书	R		
	2. 人员资质	无损检测人员资质、焊工资质	R		
	3. 测量及监视设备校验	1. 量具校验证书审查	R		
		2. 无损检测设备校验证书审查	R		
	4. 关键焊缝焊接工艺审查	1. 焊接工艺规程	R		
		2. 焊缝低温冲击试验（如为低温钻机）	R		
	5. 原材料检验	1. 原材料质量证明书	R		
		2. 入厂检验记录	R		
		3. 追溯性标记		W	
		4. 原材料复验		W	
		5. 外观检验		W	
		6. 低温冲击试验（如要求）	R		
	6. 下料尺寸检查	1. 放样尺寸		W	
		2. 下料尺寸		W	
		3. 坡口尺寸		W	
		4. 下料外观		W	
		5. 下料追溯性标识移植		W	

（续表）

序号	零部件及工序名称	监造内容	文件见证点（R）	现场见证点（W）	停止点（H）
1. 井架	7. 井架各段组焊检验	1. 组对尺寸		W	
		2. 焊前清理、焊道清理		W	
		3. 焊接方法及工艺参数		W	
	8. 单件尺寸检查	1. 井架各段组焊件		W	
		2. 人字架左、右前腿组焊件		W	
		3. 人字架左、右后腿组焊件		W	
		4. 人字架横梁组焊件		W	
		5. 二层台组焊件		W	
		6. 套管扶正台组焊件（如配置）		W	
		7. 套管台组焊件（如配置）		W	
		8. 油管台组焊件（如配置）		W	
	9. 关键焊缝无损检测	1. 无损检测设备校验		W	
		2. 无损检测过程		W	
	10. 井架卧装检查	1. 立柱全长直线度检验			H
		2. 井架有效高度检查			H
		3. 井架左右组合立柱大斜方尺寸检查			H
		4. 井架段间间隙及接触面积检查			H
		5. 背横梁、套管扶正台、井架主要附件安装过程		W	
		6. 井架人字架整体组装中的前后左右开档尺寸检查			H
		7. 二层台连接高度尺寸检查			H
	11. 表面喷漆质量检查	1. 涂装工艺审查	R		
		2. 涂装表面预处理检查		W	
		3. 涂装材料审查	R		
		4. 涂装操作对工艺符合性检查		W	
		5. 涂层厚度检查		W	

（续表）

序号	零部件及工序名称	监造内容	文件见证点（R）	现场见证点（W）	停止点（H）
1. 井架	11. 表面喷漆质量检查	6. 涂层附着力检查（如要求）		W	
		7. 涂层外观检查		W	
	12. 井架立装检查	1. 井架底部开裆尺寸			H
		2. 井架垂直度，包括井架前后方向、左右方向			H
		3. 井口对中尺寸			H
		4. 顶驱导轨垂直度（如有）			H
		5. 涂装表面损伤及修复		W	
	13. 附件检查	检查井架销轴别针的安装		W	
2. 底座	1. 下料尺寸检查	1. 放样尺寸		W	
		2. 下料尺寸		W	
		3. 坡口尺寸		W	
		4. 下料外观		W	
		5. 下料追溯性标识移植		W	
	2. 组对焊接检验	1. 焊接方法及工艺参数验证		W	
		2. 焊前清理、焊道清理		W	
		3. 组对尺寸		W	
	3. 焊缝检验	1. 左、右、前、后基座		W	
		2. 人字架前腿、人字架后退		W	
		3. 立根台		W	
		4. 转盘梁		W	
		5. 绞车梁		W	
		6. 气罐支架及附件等		W	
	4. 关键焊缝无损检测	1. 无损检测设备校验		W	
		2. 无损检测过程		W	

（续表）

序号	零部件及工序名称	监造内容	文件见证点（R）	现场见证点（W）	停止点（H）
2. 底座	5. 结构件尺寸检查	1. 左、右、前、后基座		W	
		2. 人字架前腿、人字架后腿		W	
		3. 立根台		W	
		4. 转盘梁		W	
		5. 绞车梁		W	
		6. 气罐支架及附件等		W	
	6. 底座卧装检查	1. 左、右、前、后上下基座与人字架前后腿、立根台、转盘梁的连接销轴孔的位置精度		W	
		2. 绞车前后梁、气罐支架的连接销轴孔的位置精度		W	
		3. 人字架前后腿与横梁连接的销轴孔位置精度		W	
		4. 防喷器移动导轨位置精度		W	
		5. 钻台面铺台平整度		W	
		6. 钻台面栏杆、上下梯子栏杆及人字架梯子的平整度		W	
	7. 涂装检查	1. 涂装工艺审查	R		
		2. 涂装表面预处理检查		W	
		3. 涂装材料审查	R		
		4. 涂装操作过程符合性检查		W	
		5. 涂层厚度检查		W	
		6. 涂层附着力检查（如要求）		W	
		7. 涂层外观检查		W	
	8. 安装标识检查	底座拆卸安装标识		W	
	9. 铭牌及标识	1. 铭牌及标识符合标准要求		W	
		2. 单体吊装件重心和吊装位置标志		W	

（续表）

序号	零部件及工序名称	监造内容	文件见证点（R）	现场见证点（W）	停止点（H）
3. 转盘及独立驱动装置	1. 制造厂资质	API资质证书/其它资质证书	R		
	2. 人员资质	无损检测人员资质、焊工资质	R		
	3. 原材料证书	牌号、化学、力学等单项参数	R		
	4. 外购设备	合格证书、试验及检验报告	R		
	5. 装配	1. 大小伞齿尺寸及无损检测	R		
		2. 轴尺寸及无损检测	R		
		3. 铸焊底座尺寸及焊缝无损检测	R		
		4. 主轴承游隙检查		W	
		5. 齿侧间隙、接触面积检查		W	
		6. 管线连接检查		W	
		7. 润滑检查		W	
	6. 试验	1. 转台静平衡试验		W	
		2. 转盘空运转试验		W	
		3. 制动装置测试		W	
		4. 油池清洁度检查		W	
	7. 涂装	1. 表面处理		W	
		2. 涂装材料、方式		W	
		3. 涂层厚度		W	
		4. 涂装外观		W	
	8. 铭牌及标识检验	铭牌及标识		W	
4. 绞车	1. 制造厂资质	API资质证书/其它资质证书	R		
	2. 原材料证书	牌号、化学、力学等单项参数	R		
	3. 人员资质	无损检测人员资质、焊工资质	R		
	4. 外购设备	1. 减速箱	R		
		2. 自动送钻装置	R		
		3. 液压盘刹	R		

（续表）

序号	零部件及工序名称	监造内容	文件见证点（R）	现场见证点（W）	停止点（H）
4. 绞车	5. 刹车盘	1. 刹车盘尺寸		W	
		2. 两侧表面硬度	R		
	6. 滚筒轴	1. 滚筒轴关键配合尺寸检查		W	
		2. 静平衡试验（滚筒与轴及水管线一起进行）		W	
	7. 绞车架	1. 焊缝表面质量检查		W	
		2. 主、副墙板垂直度检查		W	
		3. 主、副墙板与底座焊缝表面无损检测		W	
		4. 油箱试漏		W	
	8. 滚筒体	1. 滚筒体焊缝检查		W	
		2. 滚筒体对接焊缝无损检测		W	
		3. 滚筒体绳槽尺寸检查		W	
	9. 绞车组装	1. 气控系统安装		W	
		2. 润滑系统安装		W	
		3. 水路管线安装		W	
		4. 液压盘式刹车安装		W	
		5. 动力机组总成的安装		W	
	10. 空载试验	1. 润滑系统检验			H
		2. 报警装置检验			H
		3. 气控系统检查			H
	11. 空载试验	1. 换挡装置检查			H
		2. 温升检查			H
		3. 噪声检查			H
	12. 涂装	1. 表面处理		W	
		2. 涂装尺寸		W	
		3. 涂装外观		W	
	13. 铭牌及标识检验	铭牌及标识符合API要求		W	

（续表）

序号	零部件及工序名称	监造内容	文件见证点（R）	现场见证点（W）	停止点（H）
5. 大钩	1. 制造厂资质	API资质证书/其它资质证书	R		
	2. 原材料证书	原材料化学成分、力学性能报告	R		
	3. 人员资质	无损检测人员资质	R		
	4. 热处理	提环、提环座、钩身、钩杆、筒体、提环	R		
	5. 无损检测	1. 无损检测设备校验	R		
		2. 无损检测过程	R		
	6. 尺寸检验	1. 大钩提环处圆弧半径		W	
		2. 大钩圆弧接触面半径尺寸		W	
		3. 主要承载件的加工尺寸（提环、提环座、钩身、钩杆、筒体、提环销等）		W	
	7. 装配检验	1. 钩身转动及制动装置安装检验		W	
		2. 钩口保险机构安装检验		W	
		3. 密封安装检验		W	
	8. 载荷试验	1. 载荷试验		W	
		2. 大钩行程		W	
		3. 大钩复位		W	
		4. 钩身制动		W	
	9. 涂装	1. 表面处理		W	
		2. 涂装尺寸		W	
		3. 涂装外观及标识		W	
	10. 铭牌及标识检验	铭牌及标识符合API要求		W	
6. 水龙头	1. 制造厂资质	API资质证书/其它资质证书	R		
	2. 原材料证书	原材料化学成分、力学性能报告	R		
	3. 人员资质	1. 焊接人员资质	R		
		2. 无损检测人员资质	R		
	4. 热处理	中心管、接头；固定部分：外壳、上盖、下盖、鹅颈管、提环、提环	R		

（续表）

序号	零部件及工序名称	监造内容	文件见证点（R）	现场见证点（W）	停止点（H）
6. 水龙头	5. 无损检测	1. 设备校验过程		W	
		2. 检测过程		W	
	6. 尺寸检验	1. 大钩吊耳与提环连接半径		W	
		2. 大钩吊耳与提环接触面积		W	
		3. 旋转部分：中心管、接头		W	
		4. 固定部分：外壳、上盖、下盖、鹅颈管、提环、提环销		W	
		5. 承转部分：主轴承、防跳（扶正）轴承、下扶正轴承		W	
		6. 旋扣部分：气控马达、齿轮、气控摩擦离合器		W	
	7. 装配检验	1. 水龙头鹅颈管、水龙带接头的螺纹连接		W	
		2. 中心管、接头、方钻杆的螺纹连接		W	
		3. 中心管转动检查		W	
	8. 试验	1. 加载试验		W	
		2. 静压试验		W	
	9. 涂装	1. 表面处理		W	
		2. 涂装尺寸		W	
		3. 涂装外观及标识		W	
	10. 铭牌及标识检验	铭牌及标识符合API要求		W	
7. 天车	1. 制造厂资质	API资质证书/其它资质证书	R		
	2. 原材料证书	原材料化学成分、力学性能报告	R		
	3. 人员资质	1. 焊接人员资质	R		
		2. 无损检测人员资质	R		
	4. 热处理	天车轴、主滑轮、辅助滑轮	R		
	5. 无损检测	2. 设备校验过程		W	
		3. 检测过程		W	

（续表）

序号	零部件及工序名称	监造内容	文件见证点（R）	现场见证点（W）	停止点（H）
7. 天车	6. 尺寸检验	1. 支架两端轴孔		W	
		2. 孔侧端面		W	
		3. 天车安装底面形位公差		W	
		4. 天车轴加工尺寸		W	
		5. 滑轮加工尺寸		W	
		6. 支架加工尺寸		W	
		7. 承载耳板孔尺寸		W	
	7. 装配检验	1. 滑轮间距及灵活性检查		W	
		2. 天车主滑轮防钢丝绳跳槽装置安装		W	
		3. 天车及附件安装连接		W	
	8. 天车配置符合性检查	天车的附件配置完整性及符合性		W	
	9. 涂装	1. 表面处理		W	
		2. 涂装尺寸		W	
		3. 涂装外观及标识		W	
	10. 铭牌及标识检验	铭牌及标识符合 API 要求		W	
8. 游车	1. 制造厂资质	API 资质证书/其它资质证书	R		
	2. 原材料	原材料质量证明文件	R		
	3. 人员资质	1. 焊接人员资质	R		
		2. 无损检测人员资质	R		
	4. 热处理	滑轮轴、滑轮、吊梁架、左侧板组、右侧板组、提环、提环销	R		
	5. 无损检测	1. 设备校验过程		W	
		2. 检测过程		W	
	6. 尺寸检验	1. 滑轮槽尺寸		W	
		2. 提环接触面半径尺寸		W	

（续表）

序号	零部件及工序名称	监造内容	文件见证点（R）	现场见证点（W）	停止点（H）
8. 游车	6. 尺寸检验	3. 主要承载件的加工尺寸（滑轮轴、滑轮、吊梁架、左侧板组、右侧板组、提环、提环销）		W	
	7. 装配	1. 滑轮间距及灵活性检查		W	
		2. 游车滑轮防跳绳装置安装		W	
		3. 游车顶盖孔眼额定载荷标识		W	
	8. 试验	1. 轮槽硬度		W	
		2. 载荷试验		W	
	9. 涂装	1. 表面处理		W	
		2. 涂装尺寸		W	
		3. 涂装外观及标识		W	
	10. 铭牌及标识检验	铭牌及标识符合API要求		W	
9. 泥浆泵	1. 制造厂资质	API资质证书/其它资质证书	R		
	2. 原材料证书	原材料化学成分、力学性能报告	R		
	3. 人员资质	1. 焊接人员资质	R		
		2. 无损检测人员资质	R		
	4. 热处理	空心曲轴、大齿圈、小齿轮轴、十字头、上下导板、中间拉杆、十字头销、连接螺栓、液缸、缸盖法兰、缸盖、缸盖堵头、阀总成、阀盖、耐磨盘、缸套法兰、缸套压盖、活塞杆、缸套、卡箍、活塞、缸套端盖	R		
	5. 焊接检查	1. 见证焊接准备		W	
		2. 材料及焊材检查		W	
		3. 焊接工艺符合性		W	
		4. 焊缝外观检查		W	
		5. 焊缝尺寸检查		W	
	6. 无损检测	1. 设备校验过程		W	
		2. 检验过程		W	

（续表）

序号	零部件及工序名称	监造内容	文件见证点（R）	现场见证点（W）	停止点（H）
9. 泥浆泵	7. 尺寸检验	1. 机架总成		W	
		2. 曲轴总成		W	
		3. 小齿轮轴总成		W	
		4. 十字头总成		W	
		5. 液力端总成		W	
		6. 动力端润滑总成		W	
		7. 空气包		W	
		8. 剪切安全阀		W	
	8. 装配检验	1. 十字头与机架的对中		W	
		2. 机架前墙板的同轴度		W	
		3. 曲轴总成连杆轴承、连杆轴承支撑挡圈、螺栓防松		W	
		4. 十字头与上导板间隙		W	
		5. 齿轮组装后端面、径向跳动度		W	
		6. 齿轮组装后齿侧间隙		W	
	9. 整机功能试验	1. 空运转			H
		2. 逐渐加载			H
		3. 负载运转			H
	10. 涂装	1. 表面处理		W	
		2. 涂装尺寸		W	
		3. 涂装外观及标识		W	
	11. 铭牌及标识检验	铭牌及标识符合 API 要求		W	
	12. 随机工具	1. 随机专用工具		W	
		2. 备品备件		W	
10. 固控系统	1. 制造厂资质	API 资质证书/其它资质证书	R		
	2. 原材料证书	原材料化学成分、力学性能报告	R		

（续表）

序号	零部件及工序名称	监造内容	文件见证点（R）	现场见证点（W）	停止点（H）
10. 固控系统	3. 外购设备	1. 除砂除泥一体机（或除砂器和除泥器）质量证明文件	R		
		2. 除气器质量证明文件	R		
		3. 离心机质量证明文件	R		
		4. 砂泵质量证明文件	R		
		5. 泥浆监测仪器仪表	R		
	4. 人员资质	焊接人员资质	R		
	5. 焊接及尺寸检验	1. 焊材预处理检验		W	
		2. 焊接过程检查		W	
		3. 焊缝外观及尺寸		W	
		4. 罐体、舱室检查		W	
		5. 管体尺寸检查		W	
		6. 附件检查		W	
	6. 单机安装	1. 钻井液罐检查		W	
		2. 沉淀罐检查		W	
		3. 中间罐、吸入罐、储备罐检查		W	
		4. 罐附件检查		W	
		5. 混合加重装置检查		W	
		6. 振动筛检查		W	
		7. 除气器检查		W	
		8. 除泥器、除砂器检查		W	
		9. 离心机检查		W	
		10. 搅拌器检查		W	
		11. 电气设备及布线检查		W	
		12. 照明设备检查		W	
		13. 各罐标识检查		W	

（续表）

序号	零部件及工序名称	监造内容	文件见证点（R）	现场见证点（W）	停止点（H）
10. 固控系统	6. 单机安装	14. 阀门编号和隔仓号检查		W	
		15. 阀门开启方向标识检查		W	
	7. 整体安装	1. 检查由壬胶管连接、密封		W	
		2. 检查由壬钢管连接、密封		W	
		3. 阀门检查		W	
		4. 连接销检查		W	
		5. 旋转部件防护检查		W	
		6. 照明设备检查		W	
		7. 梯子、走道、护栏检查		W	
		8. 电气设备防爆状态、防爆等级检查		W	
	8. 电缆安装检查	1. 电缆走向、标识、防护		W	
		2. 防爆控制箱进出线接线密封		W	
		3. 接地		W	
	9. 试验	1. 罐体密封性试验			H
		2. 泥浆枪循环管线水压试验			H
		3. 清水管线水压试验			H
		4. 通电试运转			H
		5. 检查连续运转时间		W	
	10. 涂装	1. 表面处理		W	
		2. 涂装尺寸		W	
		3. 涂装外观及标识		W	
	11. 铭牌及标识检验	铭牌及标识符合API要求		W	
11. 电控系统	1. 发电机柜	1. 关键元器件合格证检查	R		
		2. 柜体安装质量检查		W	
		3. 柜内接线质量检测		W	
		4. 调速器功能检查		W	

（续表）

序号	零部件及工序名称	监造内容	文件见证点（R）	现场见证点（W）	停止点（H）
11. 电控系统	1. 发电机柜	5. 调压器功能检查		W	
		6. 并网控制器功能检查		W	
		7. 过压、欠压、过流、过频、欠频、逆功报警功能检查			H
	2. 开关柜	1. 电气原理图审核	R		
		2. 断路器合格证检查	R		
		3. 断路器面板参数设置检查		W	
		4. 断路器分合功能检查		W	
		5. 断路器互锁功能检查			H
		6. 柜体面板电压电流指示检查		W	
		7. 接地电阻检测系统功能检查		W	
		8. 母排绝缘测试		W	
	3. 整流、逆变、自动送钻柜	1. 控制电缆接线检查		W	
		2. 通讯电缆接线检查		W	
		3. 通讯地址设置检查		W	
		4. 分合闸操作功能检查		W	
		5. 整流输入输出电压检查		W	
		6. 逆变输入输出电压检查		W	
		7. 逆变V/F模式调压调频功能检查			H
	4. PLC柜	1. 控制原理图审核	R		
		2. PLC型号检查		W	
		3. PLC模块组成检查		W	
		4. 柜内接线质量检测		W	
		5. 柜内接线线号标识检查		W	
		6. 柜内元器件标识检查		W	
		7. PLC数字电路输入输出逻辑功能测试		W	

（续表）

序号	零部件及工序名称	监造内容	文件见证点（R）	现场见证点（W）	停止点（H）
11. 电控系统	4. PLC 柜	8. PLC 模拟电路输入输出逻辑功能检查		W	
		9. 继电器逻辑功能检查		W	
		10. 柜门面板指示灯功能检查		W	
		11. 系统急停功能检查		W	
		12. 报警及复位功能检查		W	
		13. 避雷装置安装检查		W	
		14. 工控上位机功能检查		W	
	5. 软启动柜	1. 电气原理图审核	R		
		2. 软启动器、接触器安装、接线检查		W	
		3. 软启动器、接触器型号、数量检查		W	
		4. 软启动器面板参数设置检查		W	
		5. 软启动器启动、停止功能检查		W	
		6. 软启动器启动时间检查		W	
		7. 软启动器启动间隔时间检查		W	
		8. 软启动器本地、远程启动功能检查		W	
		9. 柜体面板指示灯功能检查		W	
		10. 软启动器故障自动切换功能检查		W	
	6. 配电柜	1. 柜内电气原理图审核	R		
		2. 柜内断路器、接触器安装、接线质量检查		W	
		3. 断路器分合功能检查		W	
		4. 漏电保护器功能检查		W	
	7. 能耗制动柜	1. 柜体安装质量检查		W	
		2. 柜体型号、功率检查		W	
		3. 外置能耗电阻功率检查		W	
		4. 外置能耗电阻散热风扇功能检查		W	

（续表）

序号	零部件及工序名称	监造内容	文件见证点（R）	现场见证点（W）	停止点（H）
11. 电控系统	7. 能耗制动柜	5. 制动柜启动电压阀值测试		W	
		6. 风扇启动、停止逻辑检查		W	
	8. MCC	1. MCC抽屉外观质量检测		W	
		2. 抽屉柜抽拉功能检查		W	
		3. 抽屉柜操作手柄功能检查		W	
		4. 抽屉柜分合闸功能检查		W	
		5. 抽屉柜指示灯、电压电流仪表功能检查		W	
		6. 抽屉柜通讯子站功能检查		W	
		7. 抽屉柜备用数量及功率检查		W	
	9. 空调	1. 空调型号、数量、功率检查		W	
		2. 空调制冷、制热、除湿功能检查		W	
		3. 空调排水检查		W	
		4. 室外机防雨、散热情况检查		W	
	10. 照明	1. 柜内照明功能检查		W	
		2. 房内照明功能检查		W	
		3. 应急照明功能检查		W	
		4. 室外声光报警功能检查		W	
		5. 接线室照明功能检查		W	
	11. 房体	1. 房体外观、标识检查		W	
		2. 房体铭牌、吊点指示检查		W	
		3. 房体防爆证书检查	R		
		4. 房体间接线窗、电缆连接检查		W	
		5. 房外动力及控制电缆走线检查		W	
		6. 电控房系统绝缘测试		W	
		7. 电控房系统耐压试验测试			H

（续表）

序号	零部件及工序名称	监造内容	文件见证点（R）	现场见证点（W）	停止点（H）
11. 电控系统	12. 包装、发运	1. 发货清单检查	R		
		2. 房体运输固定检查		W	
		3. 备品备件检查		W	
		4. 随机发运文件检查	R		
12. 石油钻机井场调试	1. 设备准备	1. 所有参与调试的设备就位状态		W	
		2. 监视测量设备状态	R		
	2. 电控房安装调试	1. 发电机控制柜功能检查			H
		2. 开关柜功能检查		W	
		3. 变频柜功能检查			H
		4. PLC 柜功能检查		W	
		5. MCC 柜功能检查		W	
		6. 空调功能检查		W	
		7. 电缆安装检查		W	
	3. 柴油发电机组安装调试	1. 燃油、润滑油、压缩空气供给检查		W	
		2. 启停功能检查			H
		3. 怠速检查			H
		4. 满速检查			H
		5. 电压频率输出检查			H
		6. 并车功能检查			H
		7. 自启动功能检查			H
		8. 空气罐检查		W	
		9. 干燥器检查		W	
	4. 空气系统安装调试	1. 空压机检查		W	
		2. 干燥器检查		W	
		3. 压缩空气罐检查		W	
		4. 运转试验		W	

（续表）

序号	零部件及工序名称	监造内容	文件见证点（R）	现场见证点（W）	停止点（H）
12. 石油钻机井场调试	5. 井架底座低位安装	1. 井架各段安装		W	
		2. 二层台安装		W	
		3. 天车安装		W	
		4. 底座上下前后基座安装		W	
		5. 前后立柱、人字架安装		W	
		6. 左右缓冲液缸安装		W	
		7. 照明、监控系统安装		W	
		8. BOP吊移装置安装		W	
	6. 钻台面设备低位安装	1. 绞车安装		W	
		2. 转盘安装		W	
		3. 司钻房安装		W	
		4. 左、右偏房安装（偏房内综合液压站、盘杀液压站安装）		W	
		5. 钻台面节流压井管汇安装		W	
		6. 气动绞车安装		W	
		7. 指重表传感器安装		W	
	7. 司钻房、绞车安装调试	1. 手柄按钮操作功能检查		W	
		2. 各控制气路、液路、阀件检查		W	
		3. 液压盘刹刹车功能检查			H
		4. 电缆连接检查		W	
	8. 综合液压站、盘刹液压站安装调试	1. 泵启动功能检查		W	
		2. 系统压力检查		W	
		3. 管线、阀件密封状况检查		W	
		4. 蓄能器压力检查		W	
		5. 溢流阀检查		W	

（续表）

序号	零部件及工序名称	监造内容	文件见证点（R）	现场见证点（W）	停止点（H）
12. 石油钻机井场调试	9. 进钻台面电、气、液、水路安装调试	1. 动力、控制电缆安装调试		W	
		2. 气路安装调试		W	
		3. 液路安装调试		W	
		4. 冷却水系统安装调试		W	
	10. 泥浆泵组安装	1. 泵组安装检查		W	
		2. 高压管汇安装检查		W	
		3. 电缆连接检查		W	
	11. 固控系统安装及调试	1. 固控罐安装检查		W	
		2. 罐间管线安装		W	
		3. 电缆安装检查		W	
		4. 罐面设备安装调试		W	
	12. 地面管汇安装	地面高、低压管汇安装		W	
	13. 钻机仪表安装调试	液位传感器、泵冲传感器、大钳扭矩传感器、大钩高度编码器、返浆流量传感器等		W	
	14. 井架底座起升调试	1. 井架底座试起升过程		W	
		2. 试起升后受力部位焊缝检查		W	
		3. 井架底座正式起过程			H
		4. 井架底座起升最大稳定净钩载检查			H
		5. 井口中心对中检查		W	
	15. 钻台面设备高位安装	1. 高压立管安装检查		W	
		2. 钻台面铺台安装		W	
	16. 钻机联合调试	1. 绞车提升下放调试			H
		2. 绞车滚筒排绳检查		W	
		3. 防碰装置调试			H
		4. 转盘及驱动装置功能调试			H

（续表）

序号	零部件及工序名称	监造内容	文件见证点（R）	现场见证点（W）	停止点（H）
12. 石油钻机井场调试	16. 钻机联合调试	5. 动力及电传动控制系统调试		W	
		6. 套管扶正台调试		W	
		7. 上、卸扣液压猫头功能检查		W	
		8. 液压钻杆钳与液压站功能检查		W	
		9. 液压套管钳与液压站功能检查		W	
		10. 液压提升机调试（如配置）		W	
		11. 左右气动绞车功能调试		W	
		12. 气动旋扣器调试		W	
		13. 防喷器吊移装置调试		W	
		14. 电视监控系统调试		W	
		15. 自动送钻系统调试			H
		16. 泥浆罐循环调试		W	
		17. 高压管汇测试			H
		18. 泥浆泵功能调试			H
		19. 泥浆泵组负载调试			H
		20. 底座下放调试		W	
		21. 井架下放调试		W	

防喷器组
监造大纲

目　录

前　言

《防喷器组监造大纲》是参照GB/T 1.1—2009《标准化工作导则　第1部分：标准的结构和编写》给出的规则起草。

本大纲由中国石油化工集团有限公司物资装备部提出。

本大纲为首次发布。

本大纲起草单位：陕西威能检验咨询有限公司。

本大纲起草人：赵峰、魏嵬、张平、鄢邦兵、李楠。

防喷器组监造大纲

1 总则

1.1 内容和适用范围。

1.1.1 本大纲主要规定了采购单位（或使用单位）对防喷器组制造过程监造的基本内容及要求，是委托驻厂监造的主要依据。

1.1.2 本大纲适用于钻修井使用的防喷器组制造过程监造，同类设备可参考使用。

1.1.3 本大纲中具体技术要求如与采购技术文件不一致时，原则上应以采购技术文件为准。

1.2 监造工作的基本要求。

1.2.1 监造人员要求。

1.2.1.1 监造人员应与所在监造单位有正式劳动合同关系。

1.2.1.2 监造人员应严格依据监造委托合同，履行监造职责，完成监造任务。

1.2.1.3 监造人员应持有不低于中国设备监理协会颁发的专业设备监理师资格证书，监造人员有二年（或以上）的监造业务经验，在相应专业岗位工作三年以上。

1.2.1.4 监造人员应熟悉监造物资的制造工艺，掌握制造过程中的质量技术要求和检验试验关键控制点。

1.2.1.5 监造人员在监造活动过程中应遵守有关保密约定和规定。

1.2.1.6 监造人员应遵守制造厂HSSE或安全生产管理制度的相关规定，严格执行劳保着装和安全防护要求。

1.2.2 监造工作程序。

1.2.2.1 监造人员在开始监造的10个工作日内，对制造厂的人员资质、生产工艺、装备能力和质保体系运行情况进行检查和评估，并向委托方提供质量风险评估报告，明确风险等级（高、中、低、无）。

1.2.2.2　监造单位在收到采购技术文件后，10个工作日内编制完成《监造大纲》。

1.2.2.3　监造单位在获得设计相关图纸、制造工艺、质量控制计划、生产进度计划后，15日内编制完成《监造实施细则》。

1.2.2.4　监造人员应配备必要的用于平行检查且检定合格的检测器具。

1.2.2.5　监造人员应按委托方的通知或有关要求参加或组织召开预检验会议，与制造厂对接确定检验试验计划和质量控制点，并经委托方确认。

1.2.2.6　监造人员应组织制造厂质量、技术、生产及经营（项目管理）等相关部门召开监理周例会，通报监造工作情况，协调解决质量进度问题，结合生产进度计划安排后续监造工作，并形成会议纪要。

1.2.2.7　监造人员在监造实施过程中，如发现质量隐患、质量问题以及可能影响交货期的重大因素时，应及时报委托方，并以书面形式通知制造厂，要求制造厂采取有效措施予以整改，若制造厂延误或拒绝整改时，可责令其停工。

1.2.2.8　对于原材料、外购件以及外协加工、外协检测和外协检验试验等过程，监造人员应重点审查质量证明文件、外协单位资质、人员资质、工艺文件和检验试验报告等。并依据监造实施细则和检验试验计划中设置的监造访问点，实施质量控制。

1.2.2.9　实施监造的物资经现场监造人员确认符合标准规范和订单约定后按发货批次开具监造放行单，并报委托方。

1.2.2.10　全部监造工作完成后，应于30日内完成监造总结报告交付委托方。

1.3　监造单位应提交的文件资料。

1.3.1　目录（含页码）（必须）。

1.3.2　产品质量监造报告书（必须）。

1.3.3　监造工作总结（必须）。

1.3.4　监造大纲（必须）。

1.3.5　监造实施细则（必须）。

1.3.6　监造周报（必须）。

1.3.7　设计变更通知及往来函件（如有）。

1.3.8　监造工作联系单（如有）。

1.3.9　监造工程师通知单（如有）。

1.3.10　会议纪要（如有）。

1.3.11　监造放行单（必须）。

1.4　主要编制依据。

1.4.1　GB/T 26429　设备工程监理规范。

1.4.2　GB/T 25430　钻通设备旋转防喷器规范。

1.4.3　API Spec 16A　钻通设备规范。

1.4.4　API Spec 16D　钻井井口控制设备及分流设备控制系统规范。

1.4.5　采购技术文件。

2　原材料

2.1　审查环形防喷器壳体、顶盖、活塞、支撑圈等金属件原材料的质量证明文件。

2.2　根据闸板防喷器结构形式，审查闸板防喷器的壳体、闸板、中间法兰、缸盖、侧门、开启杆、关闭杆、锁紧螺钉、锁紧螺钉座、主活塞等金属件原材料质量证明文件。

2.3　金属件原材料制造方法、化学成分、力学性能应符合采购技术文件、标准和制造厂设计要求。

2.4　审查环形防喷器胶芯、活塞环、支撑环等非金属件的质量证明文件。

2.5　审查闸板防喷器侧门圈、闸板胶芯等非金属件的质量证明文件。

2.6　非金属材料硬度试验、应变试验、压缩形变试验、浸没试验、硫化时间应符合采购技术文件、标准和制造厂设计要求。

3 热处理检验

3.1 热处理过程检查。检查环形防喷器、闸板防喷器金属件装炉情况，检查产品间距、产品与炉内各墙面的间距、热处理设备的参数设置，包括加温温度、保温时间、淬火方式、淬火介质、回火温度和回火时间。以上过程均应符合制造厂工艺文件。

3.2 热处理后检查。

3.2.1 审查热处理报告和曲线，包括各阶段对应温度、保温时间以及产品的炉批号等。

3.2.2 检查热处理后产品外观。

4 无损检测

4.1 根据防喷器结构形式，确认需要进行无损检测的部件及检测方法。

4.2 见证防喷器与井内流体接触表面及密封表面的磁粉检测或渗透检测。

4.3 见证承压件超声检测或射线检测。

4.4 焊接完成后，见证焊缝超声或射线检测。

4.5 垫环槽堆焊层表面加工完成后，见证磁粉或渗透检测。

4.6 检查无损检验作业人员资质、无损检测设备校准状态。

4.7 根据所采用的无损检测方法见证无损检测校验，包括试片、样块的符合性、射线底片的黑度及像质计使用。

4.8 无损检测过程参数应与校验过程一致，并审查检测报告。

5 力学性能试验

5.1 试样检查。

5.1.1 检查试验取样频率。

5.1.2 见证试样取样过程（取样位置、方向、数量），审查取样记录。

5.1.3 检查试样追溯性标记。

5.1.4 检查试样外观，如表面存在影响力学性能试验结果的缺陷应重新进行取样制样。

5.2 试验过程。

5.2.1 环形防喷器、闸板防喷器金属件拉伸试验应检查加载速度、引伸计读数设置。

5.2.2 环形防喷器、闸板防喷器金属件冲击试验应检查摆锤规格、空摆后指针归零是否准确。

5.2.3 硬度试验应检查试验方法、加载力设置、加载时间、检测头是否与产品表面垂直。

5.2.4 力学性能试验结果应符合采购技术文件和标准要求。

5.2.5 试验应在采购技术文件和标准要求的温度下进行。

6 机加工检验

6.1 根据环形防喷器结构形式和采购技术文件，检查壳体、顶盖、活塞、支撑圈等部件的尺寸。

6.2 根据闸板防喷器结构形式和采购技术文件检查壳体、闸板、中间法兰、缸盖、侧门、开启杆、关闭杆、锁紧螺钉、锁紧螺钉座、主活塞等部件的尺寸。

6.3 对垫环槽粗糙度进行检验。

6.4 依据采购技术文件对加工后外观进行检查。

6.5 表面无损检测，依据采购技术文件和标准要求，见证机加工完毕后的表面磁粉检测或渗透检测，过程方法按照第5部分执行。

7 焊接检验

7.1 焊接材料。

7.1.1 审查焊接材料质量证明文件。

7.1.2 检查焊材的贮存状态。

7.1.3 施焊前检查焊材与焊接工艺规程的一致性。

7.2 承压焊缝检验。

7.2.1 焊接前检验，审查焊接工艺文件、设备状态、焊接人员资质、焊前预热、焊材烘干和保温状态、焊接环境，检查部件组对尺寸。

7.2.2 焊接过程检验，检查焊接参数与焊接工艺规程的符合性、焊接层间温度控制、各层外观及清理情况等。

7.2.3 焊接后检验，依据焊接工艺规程，在焊接完成后检查焊缝尺寸及外观，焊缝不应有咬边、裂纹、气孔、弧坑、夹渣、飞溅等缺陷。

7.2.4 焊后热处理检验，审查仪表校验证书、设备状态、热处理报告，见证热处理过程。

7.2.5 焊后无损检测，见证承压焊缝焊后磁粉、渗透检测、超声或射线检测，过程方法按照第5部分执行。

7.3 垫环槽堆焊检验。

7.3.1 堆焊前检验，审查堆焊工艺文件、堆焊人员资质，检查垫环槽机加工尺寸、堆焊预热、焊材烘干、保温状态和堆焊环境。

7.3.2 堆焊过程检验，见证闸板防喷器壳体、旁出口垫环槽堆焊；见证环形防喷器壳体、顶盖垫环槽堆焊；检查堆焊过程中焊接参数是否符合焊接工艺规程，检查堆焊层间温度、各层外观及表面清理。

7.3.3 堆焊后检验，检查堆焊尺寸是否符合采购技术文件要求，见证焊后热处理，热处理过程参数应符合焊接工艺规程要求；堆焊层表面机加工完成后，进行磁粉检测或渗透检测，过程方法按照第5部分执行。

8 装配检验

8.1 审查装配工艺、装配图样、装配工具、辅耗材。

8.2 检查承压螺栓及密封件外观。

8.3 检查部件规格与采购技术文件是否一致。

8.4 见证装配过程。

8.4.1 检查零件有无毛刺或尖棱角，避免密封圈在装配中刮伤。

8.4.2 检查装配过程中零件的清理，避免脏污进入密封部位。

8.4.3　装入密封圈时，表面应涂润滑油。

8.4.4　防喷器上的所有螺母应拧紧且受力均匀。

8.4.5　检查装配后产品外观、尺寸。

9　外购外协件

按照采购技术文件和制造厂设计要求，审查外购件试验报告及相关质量文件，检查外观质量并复验外购外协件尺寸。

10　试验

10.1　水压强度试验，见证闸板防喷器、环形防喷器水压强度试验，试验压力为额定压力的1.5倍，初始保压3min，二次保压15min，壳体表面应无渗漏。

10.2　液压控制腔试验，见证闸板防喷器、环形防喷器液压控制腔试验，试验介质为液压油，试验压力为额定压力的1.5倍，初始保压3min，二次保压15min，控制腔体应无渗漏。

10.3　关闭试验。

10.3.1　试验总则。

10.3.1.1　防喷器关闭试验应包括低压试验和高压试验，低压试验应在高压试验之前进行。

10.3.1.2　对于变径闸板，应在变径范围中选择最大、最小尺寸的钻杆进行关闭试验。

10.3.1.3　对于环形防喷器，当通径小于11″时，封钻杆尺寸为3½″，当防喷器通径大于11″时，封钻杆尺寸为5″。

10.3.1.4　审查环形胶芯封空井试验报告，高压试验至少为防喷器额定压力的50%。

10.3.2　低压试验，对关闭的闸板或环形胶芯下施加标准规定的低压压力，压力稳定后，保压时间不少于10min，密封部位应无可见渗漏。

10.3.3　高压试验，对关闭的闸板或环形胶芯下施加防喷器的额定压力，压力稳定后，保压时间不少于10min，密封部位应无可见渗漏。

10.4 手动锁紧密封试验，用手动锁紧机构关闭防喷器闸板，按照关闭试验要求进行压力试验，密封部位应无可见渗漏。

10.5 侧门开启关闭试验。

10.5.1 对于液压开关侧门结构的闸板防喷器应进行侧门开启关闭试验，侧门开关过程应灵活、无卡阻。

10.5.2 试验完毕后，检查开启关闭活塞杆有无拉伤。

10.6 剪切试验。

10.6.1 装有全封剪切闸板的防喷器应进行剪切试验。

10.6.2 检查剪切闸板结构形式。

10.6.3 审查试验用钻杆的尺寸、钢级。

10.6.4 检查剪切过程，剪切和密封应在一次操作中完成，活塞的关闭压力不应超过系统操作的额定压力，钻杆应被顺利剪断且闸板能够实现密封。

10.6.5 检查钻杆剪断时间，剪切控制压力。

10.6.6 审查剪切闸板在试验前后的表面无损探伤报告。

10.6.7 检查剪切闸板的磨损程度。

10.7 通径试验。

10.7.1 检查通径规外观、尺寸。尺寸检验应包括通径规头部、中部、尾部。

10.7.2 检查通径过程，通径规应不借助外力穿过通孔。

10.7.3 通径试验应在压力试验后30min内进行。

10.8 气密封试验，当用户要求时，应依据采购技术文件和制造厂工艺要求进行气密封试验。检查试验压力、保压时间，保压期间水池内应无可见气泡。

11 涂装与发运

11.1 检查涂装前表面处理质量。

11.2 检查油漆规格，审查油漆质量证明文件。

11.3 检查喷漆环境，包括温度、湿度、露点温度。

11.4 检查漆膜外观质量、漆膜厚度、漆膜附着力。

11.5 检查标识、铭牌，产品铭牌应包括产品型号、名称、主要技术参数、温度级别、生产日期、出厂编号、产品外形尺寸、质量、执行标准、制造厂名。

11.6　检查包装防护，橡胶件和密封垫环应单独包装。法兰密封垫圈槽、螺纹应有防锈防碰措施。

12　防喷器组驻厂监造主要质量控制点

12.1　文件见证点（R）：由监造人员对设备材料制造过程有关文件、记录或报告进行见证而预先设定的监造质量控制点。

12.2　现场见证点（W）：由监造人员对设备材料制造过程、工序、节点或结果进行现场见证而预先设定的监造质量控制点，且应包括相关文件见证点（R）质量控制内容。

12.3　停止点（H）：由监造人员见证并签认后才可转入下一个过程、工序或节点而预先设定的监造质量控制点，应包括相关现场见证点（W）和文件见证点（R）质量控制内容。

序号	零部件及工序名称	监造内容	文件见证点（R）	现场见证点（W）	停止点（H）
1	原材料	1. 金属材料质量证明文件审核	R		
		2. 非金属材料质量证明文件审核	R		
2	热处理检验	1. 热处理过程检查		W	
		2. 热处理报告审核	R		
		3. 热处理后外观检查		W	
3	无损检测	1. 承压件超声或射线检测		W	
		2. 检查校验过程	R		
4	力学性能试验	1. 试样检查		W	
		2. 拉伸试验见证			H
		3. 冲击试验见证			H
		4. 硬度试验见证			H
5	机加工检验	1. 环形防喷器壳体、顶盖、活塞、支撑圈尺寸		W	

（续表）

序号	零部件及工序名称	监造内容	文件见证点（R）	现场见证点（W）	停止点（H）
5	机加工检验	2. 闸板防喷器壳体、闸板、中间法兰、缸盖、侧门、开启关闭杆尺寸		W	
		3. 部件外观检验		W	
		4. 垫环槽粗糙度检验		W	
		5. 表面无损检测		W	
6	焊接检验	1. 焊接材料及工艺审核	R		
		2. 承压焊缝检验		W	
		3. 垫环槽堆焊检验		W	
		4. 焊后热处理检验		W	
		5. 焊后无损检测		W	
7	外购外协件	1. 质量证明文件审核	R		
		2. 外观检查		W	
		3. 尺寸检查		W	
8	装配检验	1. 装配工艺审核	R		
		2. 零部件外观检验		W	
		3. 装配过程检查		W	
9	试验	1. 水压强度试验			H
		2. 液压控制腔试验			H
		3. 关闭试验			H
		4. 手动锁紧密封试验			H
		5. 侧门开启关闭试验			H
		6. 剪切试验			H
		7. 通径试验			H
		8. 气密封试验			H
10	涂装	1. 外观检查		W	
		2. 漆膜厚度检查		W	
		3. 铭牌检查		W	

节流和压井管汇
监造大纲

目　录

前　言

《节流和压井管汇监造大纲》是参照GB/T 1.1—2009《标准化工作导则　第1部分：标准的结构和编写》给出的规则起草。

本大纲由中国石油化工集团有限公司物资装备部提出。

本大纲为首次发布。

本大纲起草单位：陕西威能检验咨询有限公司。

本大纲起草人：赵峰、魏嵬、张平、李楠。

节流和压井管汇监造大纲

1　总则

1.1　内容和范围。

1.1.1　本大纲主要规定了采购单位（或使用单位）对节流和压井管汇制造过程监造的基本内容及要求，是委托驻厂监造的主要依据。

1.1.2　本大纲适用于节流和压井管汇制造过程监造，同类设备可参照使用。

1.1.3　本大纲中具体技术要求如与采购技术文件不一致时，原则上应以采购技术文件为准。

1.2　监造工作的基本要求。

1.2.1　监造人员要求。

1.2.1.1　监造人员应与所在监造单位有正式劳动合同关系。

1.2.1.2　监造人员应严格依据监造委托合同，履行监造职责，完成监造任务。

1.2.1.3　监造人员应持有不低于中国设备监理协会颁发的专业设备监理师资格证书，监造人员有二年（或以上）的监造业务经验，在相应专业岗位工作三年以上。

1.2.1.4　监造人员应熟悉监造物资的制造工艺，掌握制造过程中的质量技术要求和检验试验关键控制点。

1.2.1.5　监造人员在监造活动过程中应遵守有关保密约定和规定。

1.2.1.6　监造人员应遵守制造厂 HSSE 或安全生产管理制度的相关规定，严格执行劳保着装和安全防护要求。

1.2.2　监造工作程序。

1.2.2.1　监造人员在开始监造的 10 个工作日内，对制造厂的人员资质、生产工艺、装备能力和质保体系运行情况进行检查和评估，并向委托方提供质量风险评估报告，明确风险等级（高、中、低、无）。

1.2.2.2　监造单位在收到采购技术文件后，10个工作日内编制完成《监造大纲》。

1.2.2.3　监造单位在获得设计相关图样、制造工艺、质量控制计划、生产进度计划后，15日内编制完成《监造实施细则》。

1.2.2.4　监造人员应配备必要的用于平行检查且检定合格的检测器具。

1.2.2.5　监造人员应按委托方的通知或有关要求参加或组织召开预检验会议，与制造厂对接确定检验试验计划和质量控制点，并经委托方确认。

1.2.2.6　监造人员应组织制造厂质量、技术、生产及经营（项目管理）等相关部门召开监理周例会，通报监造工作情况，协调解决质量进度问题，结合生产进度计划安排后续监造工作，并形成会议纪要。

1.2.2.7　监造人员在监造实施过程中，如发现质量隐患、质量问题以及可能影响交货期的重大因素时，应及时报委托方，并以书面形式通知制造厂，要求制造厂采取有效措施予以整改，若制造厂延误或拒绝整改时，可责令其停工。

1.2.2.8　对于原材料、外购件以及外协加工、外协检测和外协检验试验等过程，监造人员应重点审查质量证明文件、外协单位资质、人员资质、工艺文件和检验试验报告等。并依据监造实施细则和检验试验计划中设置的监造访问点，实施质量控制。

1.2.2.9　实施监造的物资经现场监造人员确认符合标准规范和订单约定后按发货批次开具监造放行单，并报委托方。

1.2.2.10　全部监造工作完成后，应于30日内完成监造总结报告交付委托方。

1.3　监造单位应提交的文件资料。

1.3.1　目录（含页码）（必须）。

1.3.2　产品质量监造报告书（必须）。

1.3.3　监造工作总结（必须）。

1.3.4　监造大纲（必须）。

1.3.5　监造实施细则（必须）。

1.3.6 监造周报（必须）。

1.3.7 设计变更通知及往来函件（如有）。

1.3.8 监造工作联系单（如有）。

1.3.9 监造工程师通知单（如有）。

1.3.10 会议纪要（如有）。

1.3.11 监造放行单（必须）。

1.4 主要编制依据。

1.4.1 GB/T 26429 设备工程监理规范。

1.4.2 SY/T 5323 石油天然气工业钻井和采油设备节流和压井设备。

1.4.3 ASME B31.3 工艺管道。

1.4.4 API Spec 16C 节流和压井设备。

1.4.5 API Spec 6A 井口装置和采油树设备规范。

1.4.6 采购技术文件。

2 原材料

2.1 原材料文件审核。依据采购技术文件和标准，审查承压件（包括阀体、阀盖、阀板、阀杆、阀座、管材、法兰、三通、四通、五通、弯头等）和控压件（包括垫环、密封圈等）原材料质量证明文件，包括材质、炉批号、化学成分、力学性能、供货状态。

2.2 原材料外观、标识、追溯性检查。原材料外观应无超出标准及采购技术文件所允许的缺陷，原材料标识应清晰可见，炉批号与质量证明文件一致。

3 热处理检查

3.1 热处理过程检查。检查阀体、阀盖、阀板、阀杆、阀座、三通、四通、五通、法兰等部件装炉情况，检查产品间距、产品与炉内各墙面的间距、热处理设备的参数设置，包括加温温度、保温时间、淬火方式、淬火介质、回火温度和回火时间。以上过程均应符合制造厂工艺文件。

3.2 热处理后检查。

3.2.1 审查热处理报告和曲线，包括各阶段对应温度、保温时间以及产品的炉批号等。

3.2.2 检查热处理后产品外观。

4 无损检测

4.1 承压件在热处理后和影响检测结果的机加工前，应根据产品规范级别应进行超声检测或射线检测。

4.2 承压焊缝在最终热处理后应进行超声检测或射线检测。

4.3 垫环槽堆焊层表面加工完成后，应进行表面无损检测。

4.4 检查无损检验作业人员资质、无损检测设备校准状态。

4.5 根据所采用的无损检测方法见证无损检测校验，包括试片、样块的符合性、射线底片的黑度及像质计使用。

4.6 检查无损检测过程，检测过程参数应与校验过程一致，并审查无损检测报告。

5 理化试验

5.1 取样频次、位置及方法。

5.1.1 检查试验取样频率。

5.1.2 见证试样取样过程（取样位置、方向、数量），审查取样记录。

5.1.3 如现场采用气割进行取样，制造厂应保证样块留有足够机加工余量，避免气割对金属的影响。

5.2 承压件化学成分分析。

5.2.1 检查试样追溯性标记。

5.2.2 检查试样表面加工处理情况。如进行光谱分析，应检查试块在设备中的安装情况，试验过程中不应存在漏气现象。

5.2.3 见证试验过程，审查试验结果。

5.3　承压件及垫环力学性能。

5.3.1　检查试样追溯性标记。

5.3.2　检查试样外观，如表面存在影响力学性能试验结果的缺陷应重新进行取样制样。

5.3.3　见证试验过程。

5.3.4　承压件拉伸试验应检查加载速度，引伸计读数设置。

5.3.5　承压件冲击试验应检查摆锤规格，空摆后指针归零是否准确。

5.3.6　承压件、垫环硬度试验应检查试验方法、加载力设置、加载时间。

5.3.7　力学性能试验结果应符合采购技术文件和标准要求。

5.3.8　试验应在采购技术文件和标准要求的温度下进行。

6　机加工检验

6.1　尺寸检验。

6.1.1　审查阀体、法兰、汇流管、三通、四通、五通等部件加工工艺文件，审查图样有效性。

6.1.2　检查阀体尺寸，包括长度、内径、阀座孔径、法兰尺寸。

6.1.3　检查法兰尺寸，包括厚度、外径、内孔直径、螺栓孔直径、密封面尺寸。

6.1.4　检查汇流管尺寸，包括外径、壁厚、长度。

6.1.5　检查三通、四通、五通尺寸，包括长度、宽度、内径。

6.1.6　检查垫环槽尺寸，包括深度、宽度、内径、外径。

6.1.7　依据采购技术文件对加工后外观进行检查。

6.2　垫环槽粗糙度检验。

6.3　表面无损检测。依据采购技术文件和标准要求，见证加机工完毕后的表面湿荧光磁粉检测或渗透检测，过程方法按照第 5 部分执行。

6.4　硬度检验。

6.4.1　机加工完成后，见证制造厂对承压件和控压件的硬度检测，硬度值应符合标准要求。

6.4.2　检查测试件表面的硬度标记。

7　焊接检验

7.1　焊接材料。

7.1.1　审查焊接材料质量证明文件。

7.1.2　检查焊材的贮存状态。

7.1.3　施焊前检查焊材与焊接工艺规程的一致性。

7.2　垫环槽堆焊。

7.2.1　堆焊前检验。

7.2.2　审查堆焊工艺文件、堆焊人员资质，检查垫环槽机加工尺寸、堆焊预热、焊材烘干、保温状态和堆焊环境。

7.2.3　堆焊过程检验。

7.2.4　检查堆焊过程中焊接参数是否符合焊接工艺规程，检查堆焊层间温度、各层外观及表面清理。

7.2.5　堆焊后检验。

7.2.6　检查堆焊尺寸是否符合采购技术文件要求，见证焊后热处理，热处理过程参数应符合焊接工艺规程要求。

7.2.7　堆焊层表面机加工完成后，进行磁粉检测或渗透检测，过程方法按照第5部分执行。

7.3　管汇部件组焊。

7.3.1　焊接前检验。

7.3.2　审查焊接工艺文件、设备状态、焊接人员资质、焊前预热、焊材与焊接工艺规程符合性、焊材烘干和保温状态、焊接环境。

7.3.3　检查管汇部件组对尺寸。

7.3.4　焊接过程检验。

检查焊接过程中焊接参数与焊接工艺规程的符合性、焊接层间温度控制、各层外观及清理情况。

7.3.5　焊接后检验。

7.3.6　依据焊接工艺规程，在焊接完成后检查焊缝尺寸、外观，焊缝不应有咬边、裂纹、气孔、弧坑、夹渣、飞溅等缺陷。

7.3.7　焊后热处理检验。

7.3.8　审查仪表校验证书、设备状态。

7.3.9　检查热处理设备的参数设置。

7.3.10　审查热处理报告，包括热处理曲线、热处理各阶段温度、热处理时间以及产品的炉批号，检查热处理后产品外观。

7.3.11　焊后无损检测。

7.3.11.1　见证承压焊缝焊后磁粉或渗透检测，检测应覆盖焊缝两侧12.7mm的基体表面，过程方法按照第5部分执行。

7.3.11.2　见证承压焊缝焊后超声或射线检测，检测应覆盖焊缝两侧12.7mm的基体表面，过程方法按照第5部分执行。

8　装配

8.1　审查装配工艺、装配图样、装配工具、辅耗材。

8.2　检查承压螺栓及密封件外观。

8.3　见证装配过程。核对部件标识、规格与采购技术文件的符合性，检查装配后产品外观、尺寸。

9　外购外协件

按照采购技术文件和制造厂设计要求，审查材料或外购件试验报告及相关质量文件，并复验外购外协件尺寸、外观质量。

10　试验

审查制造厂试验工艺文件、仪器仪表（压力表、压力传感器等）校验证书；见证承压部件试验，试验参数、过程、结果应符合采购技术文件和标准要求。

10.1　管汇部件强度及密封性能试验。

10.1.1　强度试验。见证闸阀、钻井节流器、连接管、三通、四通、五通等部件强度试验，压力、保压时间应符合采购技术文件和标准要求。

10.1.2 闸阀、钻井节流器密封性能试验。见证闸阀和钻井节流器密封性能试验，试验压力、保压时间应符合采购技术文件和标准要求。

10.1.3 驱动器功能及密封性能试验。

10.1.3.1 驱动器功能试验应在驱动器最小行程位置到最大行程位置至少循环3次。

10.1.3.2 驱动器密封试验的试验压力、保压时间应按照采购技术文件和标准执行。

10.1.4 扭矩试验，试验过程及结果符合采购技术文件和标准要求。

10.2 节流压井管汇总成水压试验。

试验压力及保压时间应符合采购技术文件和标准要求。

10.3 整体尺寸检查。

依据采购技术文件和标准要求，检查管汇整体尺寸。

11 涂装和发运

11.1 检查产品油漆规格和品牌。

11.2 检查喷砂后锚纹深度、表面清洁度、盐分。

11.3 检查漆膜厚度、油漆附着力、油漆外观和铭牌。

11.4 检查铭牌内容，名牌应字迹清晰可辨识，工作压力、公称通径、规范级别、性能级别、执行标准、材料级别、额定温度、出厂编号等内容齐全。

12 节流和压井管汇驻厂监造主要质量控制点

12.1 文件见证点（R）：由监造人员对设备材料制造过程有关文件、记录或报告进行见证而预先设定的监造质量控制点。

12.2 现场见证点（W）：由监造人员对设备材料制造过程、工序、节点或结果进行现场见证而预先设定的监造质量控制点，且应包括相关文件见证点（R）质量控制内容。

12.3 停止点（H）：由监造人员见证并签认后才可转入下一个过程、工序或节点而预先设定的监造质量控制点，应包括相关现场见证点（W）和文件见证点（R）质量控制内容。

序号	零部件及工序名称	监造内容	文件见证点（R）	现场见证点（W）	停止点（H）
1	制造厂资质人员资质	1. API资质证书/其它资质证书	R		
		2. 无损检测人员资质	R		
2	测量及监视设备校验	1. 量具、仪表校验证书审查	R		
		2. 无损检测设备校验证书审查	R		
3	原材料	1. 原材料质量证明文件审核	R		
		2. 原材料外观		W	
		3. 原材料追溯性检查		W	
4	外购外协件	1. 质量证明文件审核	R		
		2. 外观检查		W	
		3. 尺寸检查		W	
5	热处理检验	1. 热处理过程		W	
		2. 热处理报告	R		
6	无损检测	1. 承压件超声检测或射线检测		W	
		2. 检查校验过程		W	
7	理化试验	1. 取样频次、位置及方法		W	
		2. 承压件化学成分分析			H
		3. 承压件、垫环力学性能试验			H
8	机加工检验	1. 阀体尺寸		W	
		2. 法兰尺寸		W	
		3. 汇流管尺寸		W	
		4. 三通、四通五通尺寸		W	
		5. 垫环槽表面粗糙度检验		W	
		6. 机加工后表面磁粉或渗透检测		W	
		7. 硬度检测		W	
		8. 硬度标记		W	

（续表）

序号	零部件及工序名称	监造内容	文件见证点（R）	现场见证点（W）	停止点（H）
9	焊接检验	1. 垫环槽堆焊		W	
		2. 管汇组焊		W	
		3. 焊后热处理		W	
		4. 焊缝超声检测		W	
		5. 堆焊层机加工面磁粉或渗透检测		W	
10	装配检验	1. 装配工艺文件	R		
		2. 装配尺寸		W	
		3. 装配外观		W	
11	管汇部件试验	1. 管汇部件强度试验			H
		2. 阀座、钻井节流器密封性能试验			H
		3. 驱动器功能及密封性能试验			H
		4. 扭矩试验			H
12	节流压井管汇总成水压试验	1. 试验压力			H
		2. 保压时间			H
13	涂装	1. 外观检查		W	
		2. 涂装检查		W	
		3. 铭牌检查		W	

井口装置和采油树监造大纲

目　录

前　言

《井口装置和采油树监造大纲》是参照GB/T 1.1—2009《标准化工作导则　第1部分：标准的结构和编写》给出的规则起草。

本大纲由中国石油化工集团有限公司物资装备部提出。

本大纲为首次发布。

本大纲起草单位：陕西威能检验咨询有限公司。

本大纲起草人：赵峰、魏嵬、张平、李楠。

井口装置和采油树监造大纲

1 总则

1.1 内容和适用范围。

本大纲主要规定了采购单位（或使用单位）对井口装置和采油树制造过程监造的基本内容及要求，是委托驻厂监造的主要依据。

本大纲适用于井口装置和采油树制造过程监造，同类设备可参考使用。

本大纲中具体技术要求如与采购技术文件不一致时，原则上应以采购技术文件为准。

1.2 监造工作的基本要求。

1.2.1 监造人员要求。

1.2.1.1 监造人员应与所在监造单位有正式劳动合同关系。

1.2.1.2 监造人员应严格依据监造委托合同，履行监造职责，完成监造任务。

1.2.1.3 监造人员应持有不低于中国设备监理协会颁发的专业设备监理师资格证书，监造人员有二年（或以上）的监造业务经验，在相应专业岗位工作三年以上。

1.2.1.4 监造人员应熟悉监造物资的制造工艺，掌握制造过程中的质量技术要求和检验试验关键控制点。

1.2.1.5 监造人员在监造活动过程中应遵守有关保密约定和规定。

1.2.1.6 监造人员应遵守制造厂HSSE或安全生产管理制度的相关规定，严格执行劳保着装和安全防护要求。

1.2.2 监造工作程序。

1.2.2.1 监造人员在开始监造的10个工作日内，对制造厂的人员资质、生产工艺、装备能力和质保体系运行情况进行检查和评估，并向委托方提供质量风险评估报告，明确风险等级（高、中、低、无）。

1.2.2.2　监造单位在收到采购技术文件后，10个工作日内编制完成《监造大纲》。

1.2.2.3　监造单位在获得设计相关图样、制造工艺、质量控制计划、生产进度计划后，15日内编制完成《监造实施细则》。

1.2.2.4　监造人员应配备必要的用于平行检查且检定合格的检测器具。

1.2.2.5　监造人员应按委托方的通知或有关要求参加或组织召开预检验会议，与制造厂对接确定检验试验计划和质量控制点，并经委托方确认。

1.2.2.6　监造人员应组织制造厂质量、技术、生产及经营（项目管理）等相关部门召开监理周例会，通报监造工作情况，协调解决质量进度问题，结合生产进度计划安排后续监造工作，并形成会议纪要。

1.2.2.7　监造人员在监造实施过程中，如发现质量隐患、质量问题以及可能影响交货期的重大因素时，应及时报委托方，并以书面形式通知制造厂，要求制造厂采取有效措施予以整改，若制造厂延误或拒绝整改时，可责令其停工。

1.2.2.8　对于原材料、外购件以及外协加工、外协检测和外协检验试验等过程，监造人员应重点审查质量证明文件、外协单位资质、人员资质、工艺文件和检验试验报告等。并依据监造实施细则和检验试验计划中设置的监造访问点，实施质量控制。

1.2.2.9　实施监造的物资经现场监造人员确认符合标准规范和订单约定后按发货批次开具监造放行单，并报委托方。

1.2.2.10　全部监造工作完成后，应于30日内完成监造总结报告交付委托方。

1.3　监造单位应提交的文件资料。

1.3.1　目录（含页码）（必须）。

1.3.2　产品质量监造报告书（必须）。

1.3.3　监造工作总结（必须）。

1.3.4　监造大纲（必须）。

1.3.5　监造实施细则（必须）。

1.3.6　监造周报（必须）。

1.3.7 设计变更通知及往来函件（如有）。

1.3.8 监造工作联系单（如有）。

1.3.9 监造工程师通知单（如有）。

1.3.10 会议纪要（如有）。

1.3.11 监造放行单（必须）。

1.4 主要编制依据。

1.4.1 GB/T 26429 设备工程监理规范。

1.4.2 GB/T 22513 井口装置和采油树。

1.4.3 API SPEC 6A 井口装置和采油树设备规范。

1.4.4 采购技术文件。

2 原材料

2.1 原材料文件审核。依据采购技术文件和标准，审核产品承压件和控压件原材料质量证明文件，包括材质、炉批号、化学成分、力学性能、供货状态。

2.2 原材料外观、标识、追溯性检查。检查原材料外观，外观应无超出标准及采购技术文件所允许的缺陷；原材料标识应清晰可见，炉批号应与质量证明文件一致。

3 热处理

3.1 热处理过程检查。检查套管头、油管头、三通、四通、悬挂器、法兰、阀门部件等的装炉情况，检查产品间距、产品与炉内各墙面距离、热处理设备的参数设置、加温温度、保温时间、淬火方式、淬火介质、回火温度和回火时间。以上过程均应符合制造厂工艺文件。

3.2 热处理后检查。

3.2.1 审查热处理报告，包括热处理曲线、各阶段对应温度、保温时间以及产品的炉批号等。

3.2.2 检查热处理后产品外观。

4 无损检测

4.1 承压件在热处理后和影响检测结果的机加工前，应根据产品规范级别进行超声检测或射线检测。

4.2 承压焊缝在最终热处理后应进行超声检测或射线检测。

4.3 垫环槽堆焊层表面加工完成后，应进行表面无损检测。

4.4 检查无损检验作业人员资质、无损检测设备校准状态。

4.5 根据所采用的无损检测方法见证无损检测校验，包括试片、样块的符合性、射线底片的黑度及像质计使用。

4.6 检查无损检测过程，检测过程参数应与校验过程一致，并审查无损检测报告。

5 理化试验

5.1 取样频次、位置及方法。

5.1.1 检查试验取样频率。

5.1.2 见证试样取样过程（取样位置、方向、数量），审查取样记录。

5.1.3 如现场采用气割进行取样，制造厂应保证样块留有足够机加工余量，避免气割对试样的影响。

5.2 化学成分分析。

5.2.1 见证套管头、油管头、三通、四通、悬挂器、法兰、阀门部件的化学成分分析。

5.2.2 检查试样追溯性标记。

5.2.3 检查试样表面加工处理情况。如进行光谱分析，应检查试块在设备中的安装情况，试验过程中不应存在漏气现象。

5.2.4 见证试验过程，审查试验结果。

5.3 力学性能试验。

5.3.1 见证套管头、油管头、三通、四通、悬挂器、法兰、阀门部件等的力学性能试验。

5.3.2　检查试样追溯性标记。

5.3.3　检查试样外观，如表面存在影响力学性能试验结果的缺陷应重新进行取样制样。

5.3.4　见证试验过程。

5.3.5　拉伸试验应检查加载速度，引伸计读数设置。

5.3.6　冲击试验应检查摆锤规格，空摆后指针归零是否准确。

5.3.7　硬度试验应检查加载力设置、加载时间。

5.3.8　力学性能试验结果应符合采购技术文件和标准要求。

5.3.9　试验应在采购技术文件和标准要求的温度下进行。

6　机加工检验

6.1　尺寸检验。

6.1.1　审查三通、四通、油管头、套管头、悬挂器、阀体、阀杆、阀座等部件加工工艺文件，审查图样有效性。

6.1.2　审查量具校验证书。

6.1.3　依据采购技术文件对加工后的外观、尺寸进行检查。检验尺寸应包括密封面、垫环槽、孔径、端部出口连接螺纹等关键尺寸。

6.2　垫环槽粗糙度检验。

6.3　表面无损检测。根据产品规范级别，见证加工完毕后表面的湿荧光磁粉检测或渗透检测，过程方法按照第5部分执行。

6.4　硬度检测。

6.4.1　机加工完成后，见证制造厂对承压件和控压件的硬度检测，硬度值应符合标准要求。

6.4.2　检查测试件表面的硬度标记。

7　焊接

7.1　焊接材料。

7.1.1　审查焊接材料质量证明书。

7.1.2 检查焊材的贮存状态。

7.2 垫环槽堆焊。

7.2.1 堆焊前。审查堆焊工艺文件、设备状态、堆焊人员资质，检查垫环槽机加工尺寸、焊前预热温度、焊材与焊接工艺规程符合性、焊材烘干和保温状态、堆焊环境。

7.2.2 堆焊过程。检查堆焊过程中焊接参数是否符合焊接工艺规程，检查堆焊层间温度控制，各层外观及表面清理质量。

7.2.3 堆焊后。检查堆焊尺寸是否符合采购技术文件要求，见证焊后热处理，热处理过程参数应符合焊接工艺规程要求。

堆焊层表面机工完成后，进行磁粉检测或渗透检测，过程方法按照第5部分执承压焊缝焊接。

7.2.4 焊接前。审查管体与法兰焊接工艺文件、设备状态、焊接人员资质、焊前预热、焊材与焊接工艺规程符合性、焊材烘干和保温状态、焊接环境。

检查组对尺寸，包括坡口形式、坡口尺寸、组对间隙。

7.2.5 焊接过程。检查焊接过程中焊接参数与焊接工艺规程符合性、焊接层间温度控制、各层外观及清理情况。

7.2.6 焊接后。依据焊接工艺规程，在焊接完成后检查焊缝尺寸，并进行外观检验，焊缝不应有咬边、裂纹、气孔、弧坑、夹渣、飞溅等缺陷。

7.2.7 焊后热处理。审查仪表校验证书、设备状态；检查热处理设备的参数设置；审查热处理报告，包括热处理曲线、热处理各阶段温度、热处理时间以及产品的炉批号，检查热处理后产品外观。

7.2.8 焊后无损检测。

7.2.8.1 见证承压焊缝焊后磁粉或渗透检测，检测应覆盖焊缝两侧12.7mm的基体表面，过程方法按照第7部分执行。

7.2.8.2 见证承压焊缝焊后超声或射线检测，检测应覆盖焊缝两侧12.7mm的基体表面，过程方法按照第7部分执行。

8 装配

8.1 检查产品装配条件。审查装配工艺文件、装配图纸、装配用设备、辅耗材。

8.2 承压螺栓及密封件。

8.3 审核非金属密封件质保书。

8.4 见证装配过程。核对部件标识、规格与采购技术文件的符合性，检查装配后产品外观、尺寸。

9 外购外协件

按照采购技术文件和制造厂设计要求，审查材料或外购件试验报告及相关质量文件，并按照采购技术文件复验外购外协件尺寸、外观。

10 压力试验

审查制造厂试验工艺文件、仪器仪表（压力表、压力传感器等）校验证书；见证承压部件试验，试验参数、过程、结果应符合采购技术文件和标准要求。

10.1 强度试验。见证阀门、油管头、套管头、采油气、三通、四通水压强度试验过程，压力、保压时间应符合采购技术文件和标准要求。

10.2 井口密封试验。见证密封试验过程，压力、保压时间应符合采购技术文件和标准要求。

10.3 气密试验（如有）。见证气密试验过程，试验结果应符合采购技术文件和标准的要求，并审查气密试验报告。

10.4 通径试验。检查通径规尺寸是否符合标准要求，通径试验过程应畅通，无明显干涉现象。

11 涂装和发运

11.1 检查产品油漆规格和品牌。

11.2 检查喷砂后锚纹深度、表面清洁度、盐分。

11.3 检查漆膜厚度、油漆附着力、油漆外观和铭牌。

11.4 检查铭牌内容，铭牌应字迹清晰可辨识，工作压力、公称通径、规范级别、性能级别、执行标准、材料级别、额定温度、出厂编号等内容齐全。

12 井口装置和采油树驻厂监造主要质量控制点

12.1 文件见证点（R）：由监造人员对设备材料制造过程有关文件、记录或报告进行见证而预先设定的监造质量控制点。

12.2 现场见证点（W）：由监造人员对设备材料制造过程、工序、节点或结果进行现场见证而预先设定的监造质量控制点，且应包括相关文件见证点（R）质量控制内容。

12.3 停止点（H）：由监造人员见证并签认后才可转入下一个过程、工序或节点而预先设定的监造质量控制点，应包括相关现场见证点（W）和文件见证点（R）质量控制内容。

序号	零部件及工序名称	监造内容	文件见证点（R）	现场见证点（W）	停止点（H）
1	制造厂质/人员资质	1. API资质证书/其它资质证书	R		
		2. 无损检测人员资质	R		
2	测量及监视设备校验	1. 量具、仪表校验证书审查	R		
		2. 无损检测设备校验证书审查	R		
3	原材料	1. 原材料质量证明文件审核	R		
		2. 原材料外观		W	
		3. 原材料追溯性检查		W	
4	外购外协件	1. 质量证明文件审核	R		
		2. 外观检查		W	
		3. 尺寸检查		W	
5	热处理检验	1. 热处理过程		W	
		2. 热处理报告	R		

（续表）

序号	零部件及工序名称	监造内容	文件见证点（R）	现场见证点（W）	停止点（H）
6	无损检测	1. 承压件超声检测或射线检测		W	
		2. 检查校验过程		W	
7	理化试验	1. 取样频次、位置及方法		W	
		2. 承压件化学成分分析			H
		3. 承压件力学性能试验			H
8	机加工检验	1. 三通、四通尺寸		W	
		2. 油管头尺寸		W	
		3. 套管头尺寸		W	
		4. 悬挂器尺寸		W	
		5. 阀门部件尺寸		W	
		6. 机加工后表面磁粉或渗透检测		W	
		7. 硬度检测		W	
		8. 硬度标记		W	
9	焊接检验	1. 垫环槽堆焊		W	
		2. 承压焊缝焊接		W	
		3. 焊后热处理		W	
		4. 焊缝超声检测		W	
		5. 堆焊层机加工面磁粉或渗透检测		W	
10	装配检验	1. 装配工艺文件	R		
		2. 装配尺寸		W	
		3. 装配外观		W	
11	压力试验	1. 强度试验			H
		2. 井口密封试验			H
		3. 气密试验（如适用）			H
12	通径试验	1. 检查通径棒尺寸		W	
		2. 检查通径过程		W	

（续表）

序号	零部件及工序名称	监造内容	文件见证点（R）	现场见证点（W）	停止点（H）
13	涂装	1. 外观检查		W	
		2. 涂装检查		W	
		3. 铭牌检查		W	

抽油机
监造大纲

目　录

前　言

《抽油机监造大纲》是参照GB/T 1.1—2009《标准化工作导则　第1部分：标准的结构和编写》给出的规则起草。

本大纲由中国石油化工集团有限公司物资装备部提出。

本大纲为首次发布。

本大纲起草单位：陕西威能检验咨询有限公司。

本大纲起草人：赵峰、魏嵬、张平、李楠。

抽油机监造大纲

1 总则

1.1 内容和适用范围。

1.1.1 本大纲主要规定了采购单位（或使用单位）对游梁式抽油机制造过程监造的基本内容及要求，是委托驻厂监造的主要依据。

1.1.2 本大纲适用于游梁式抽油机制造过程监造，同类设备可参照使用。

1.1.3 本大纲中具体技术要求如与采购技术文件不一致时，原则上应以采购技术文件为准。

1.2 监造工作的基本要求。

1.2.1 监造人员要求。

1.2.1.1 监造人员应与所在监造单位有正式劳动合同关系。

1.2.1.2 监造人员应严格依据监造委托合同，履行监造职责，完成监造任务。

1.2.1.3 监造人员应持有不低于中国设备监理协会颁发的专业设备监理师资格证书，监造人员有二年（或以上）的监造业务经验，在相应专业岗位工作三年以上。

1.2.1.4 监造人员应熟悉监造物资的制造工艺，掌握制造过程中的质量技术要求和检验试验关键控制点。

1.2.1.5 监造人员在监造活动过程中应遵守有关保密约定和规定。

1.2.1.6 监造人员应遵守制造厂HSSE或安全生产管理制度的相关规定，严格执行劳保着装和安全防护要求。

1.2.2 监造工作程序。

1.2.2.1 监造人员在开始监造的10个工作日内，对制造厂的人员资质、生产工艺、装备能力和质保体系运行情况进行检查和评估，并向委托方提供质量风险评估报告，明确风险等级（高、中、低、无）。

1.2.2.2 监造单位在收到采购技术文件后，10个工作日内编制完成《监造大纲》。

1.2.2.3 监造单位在获得设计相关图样、制造工艺、质量控制计划、生产进度计划后，15日内编制完成《监造实施细则》。

1.2.2.4 监造人员应配备必要的用于平行检查且检定合格的检测器具。

1.2.2.5 监造人员应按委托方的通知或有关要求参加或组织召开预检验会议，与制造厂对接确定检验试验计划和质量控制点，并经委托方确认。

1.2.2.6 监造人员应组织制造厂质量、技术、生产及经营（项目管理）等相关部门召开监理周例会，通报监造工作情况，协调解决质量进度问题，结合生产进度计划安排后续监造工作，并形成会议纪要。

1.2.2.7 监造人员在监造实施过程中，如发现质量隐患、质量问题以及可能影响交货期的重大因素时，应及时报委托方，并以书面形式通知制造厂，要求制造厂采取有效措施予以整改，若制造厂延误或拒绝整改时，可责令其停工。

1.2.2.8 对于原材料、外购件以及外协加工、外协检测和外协检验试验等过程，监造人员应重点审查质量证明文件、外协单位资质、人员资质、工艺文件和检验试验报告等，并依据监理实施细则和检验试验计划，设置必要的监造访问点实施质量控制。

1.2.2.9 实施监造的物资经现场监造人员确认符合标准规范和订单约定后按发货批次开具监造放行单，并报委托方。

1.2.2.10 全部监造工作完成后，应于30日内完成监造总结报告交付委托方。

1.3 监造单位应提交的文件资料。

1.3.1 目录（含页码）（必须）。

1.3.2 产品质量监造报告书（必须）。

1.3.3 监造工作总结（必须）。

1.3.4 监造大纲（必须）。

1.3.5 监造实施细则（必须）。

1.3.6 监造周报（必须）。

1.3.7　设计变更通知及往来函件（如有）。

1.3.8　监造工作联系单（如有）。

1.3.9　监造工程师通知单（如有）。

1.3.10　会议纪要（如有）。

1.3.11　监造放行单（必须）。

1.4　主要编制依据。

1.4.1　GB/T 26429 设备工程监理规范。

1.4.2　GB/T 29021 石油天然气工业游梁式抽油机。

1.4.3　采购技术文件。

2　原材料

审查原材料质量证明文件，包括用于底座、支架、驴头、游梁、横梁、曲柄等部件生产的主要材料。原材料牌号、力学性能、化学成分等应符合采购技术文件和标准要求。

3　焊接检验

3.1　审查焊工资质，焊工应持有相应类别的有效焊接资格证书。

3.2　审查焊接工艺规程。

3.3　作业中所使用材料应符合工艺文件和采购技术文件要求。

3.4　依据焊接工艺规程检查焊接准备，包括母材坡口形式、坡口尺寸、表面处理、组对尺寸、焊材牌号、外观。

3.5　焊接方法、焊接过程参数应符合焊接工艺规程要求。

3.6　检查焊缝尺寸及外观。

3.7　依据采购技术文件及标准检查焊接返修次数。

4　机械加工检验

4.1　基本要求。

4.1.1　检查原材料与采购技术文件要求的符合性，如需代用，需经工厂设计或技术主管部门批准。

4.1.2　在加工过程中发现有铸、锻缺陷需要修补时，应按铸、锻件缺陷修补的有关标准规定执行。

4.2　检验要求。

4.2.1　零件加工后，关键尺寸应符合标准和采购技术文件的要求。

4.2.2　零件淬火后检查表面状态，零件表面不应有氧化皮。精加工后的表面不应有退火、烧伤及磨裂现象。

4.2.3　检查机械损伤，零件已加工的表面不应有沟痕、碰伤等损坏表面、降低零件强度及寿命的缺陷，全部毛刺应清除干净。

5　装配要求

5.1　对每台抽油机的零部件追溯性进行审查，检查各零部件外观质量、焊缝质量，合格后方可进行装配。

5.2　测量减速器的两曲柄剪刀差，差值不应超过GB/T 29021—2012表19的规定。

5.3　支架安装校正后，检查顶部中心在底座上的投影与底座纵向中心线的偏差，差值不应超过采购技术文件和标准要求。

5.4　检查游梁纵向中心线在底座上的投影与底座纵向中心线的偏差，差值不应超过采购技术文件和标准要求。

5.5　在使用楔键时，检查连接曲柄与减速器输出轴的楔键上、下接触面积，接触面积应不小于80%，并且每平方厘米上均应有接触斑点。

5.6　检查曲柄销锥面和锥套锥面的接触面积，应不少于80%。

6　外购外协件

6.1　审查减速器、连杆、悬绳器、轴承、电机、皮带、控制柜、钢丝绳、悬绳器等主要外购件的型号、规格、数量、品牌。

6.2　见证减速器输入轴、中间轴、输出轴、大小齿轮的表面硬度检测，各轴表面硬度应符合采购技术文件和标准要求。

6.3　见证减速器的啮合间隙检测，大、小齿轮啮合间隙应符合采购技术文件和标准要求。

6.4　审查减速器输入轴、中间轴、输出轴、齿轮、曲柄销力学性能、硬度和金相组织检验试验报告。

6.5　悬绳器进行预制绳头处应能承受2倍悬点载荷拉力且无松动现象。

7　整机出厂试验

7.1　空载荷试验。

7.1.1　检查运行时间，空载荷运行时间不少于10min。

7.1.2　空载荷试验时，检查整机运行情况，过程中不应有异常冲击、振动或响声，悬绳不应有打结现象，驴头运行应平稳无抖动。

7.1.3　连接部位应紧固可靠，不应有任何松动。

7.2　负载试验。抽油机应进行前悬挂额定载荷运转试验，运转时间不小于2h，并测定如下项目。

7.2.1　冲次、冲程检验。运行抽油机，测量曲柄当前定位状态下的冲次和冲程。

7.2.2　噪声检验。电驱动抽油机运行时，整机噪声应不超过85dB（减速器扭矩＜37kN·m）或87dB（减速器扭矩≥37kN·m）。

7.2.3　悬点投影检验。悬挂光杆的驴头在任何位置时，悬点投影均应满足GB/T 29021的规定。

7.2.4　振幅测量。整机运转时，测量支架顶部纵向振幅和横向振幅，应不超过GB/T 29021的规定。

7.3　减速器检验。

7.3.1　检查减速器温升。减速器轴承温升应不超过40℃，油池温升应不超过15℃，且最高温度不超过70℃。

7.3.2　减速器应运转平稳，各密封处、接合处应无漏油现象。

7.3.3　负载试验结束后，打开减速器进行清洁检查，减速器内应清洁无杂物。

7.4　刹车拉力测量。检查刹车装置的平稳性、可靠性及刹车操作力。在切断抽油机动力源后，曲柄在任何位置时，刹车装置制动均应平稳、可靠，并且刹车操作力不应超过150N，紧急刹车除外。

7.5 平衡块调节测试。曲柄平衡块应可平稳、无阻滞地进行调节。

7.6 驴头让位测试。悬挂光杆的驴头采用侧转、上翻让位时，驴头铰链处应转动灵活、无阻滞；采用上挂驴头让位时，驴头应便于摘挂。

8 涂装

8.1 检查结构件表面处理，表面不应存在锈蚀、油污等影响漆膜附着力的污染物。

8.2 检查涂装材料，依据涂装材料说明书检查涂装过程。

8.3 依据涂装材料说明书检查涂装环境温度与湿度。

8.4 检查涂层厚度及外观质量。

9 包装与发运

9.1 检查产品铭牌，铭牌应安装在易于查看的位置，内容应符合GB/T 29021要求。

9.2 抽油机主机采用裸装，其它零散附件、工具、随机文件以及配件应包装在合适的包装箱内。

9.3 包装前应对产品进行防锈处理，外露接头螺纹涂抹防锈油，并装护丝防护。外露加工表面应涂防锈油或防锈脂，轴径部分用油脂或塑料薄膜加以捆裹。

10 抽油机驻厂监造主要质量控制点

10.1 文件见证点（R）：由监造人员对设备材料制造过程有关文件、记录或报告进行见证而预先设定的监造质量控制点。

10.2 现场见证点（W）：由监造人员对设备材料制造过程、工序、节点或结果进行现场见证而预先设定的监造质量控制点，且应包括相关文件见证点（R）质量控制内容。

10.3 停止点（H）：由监造人员见证并签认后才可转入下一个过程、工序或节点而预先设定的监造质量控制点，应包括相关现场见证点（W）和文件见证点（R）质量控制内容。

序号	零部件及工序名称	监造内容	文件见证点（R）	现场见证点（W）	停止点（H）
1	开工条件审查	1. 人员资质审查	R		
		2. 设备状态符合性审查	R		
		3. 质量控制计划审查	R		
2	原材料控制	1. 原材料质证书审核	R		
		2. 材质复验（如有）		W	
3	外协外购件	1. 外购件质量证明书审核	R		
		2. 外购件外观、型号检查		W	
		3. 减速器轴硬度测量		W	
4	焊接	1. 焊接工艺审查	R		
		2. 主材及焊丝型号核对		W	
		3. 焊接表面质量检查		W	
5	机械加工	1. 关键尺寸检查		W	
		2. 淬火后零件表面质量检查		W	
		3. 精加工后表面质量检查		W	
6	装配	1. 零部件外观、追溯性检查		W	
		2. 两曲柄剪刀差测量			H
		3. 支架投影偏差测量			H
		4. 游梁中心线偏差测量			H
		5. 曲柄与减速器输出轴接触面积检查		W	
		6. 曲柄销锥面和锥套锥面接触面积检查		W	
7	整机出厂试验	1. 空载运行检查			H
		2. 冲次、冲程检查			H
		3. 噪声测量			H

（续表）

序号	零部件及工序名称	监造内容	文件见证点（R）	现场见证点（W）	停止点（H）
7	整机出厂试验	4. 振幅测量			H
		5. 减速器检查			H
		6. 刹车力测量			H
		7. 平衡块调节测试		W	
		8. 驴头让位测试		W	
8	涂装	1. 表面处理		W	
		2. 喷漆工艺检查		W	
		3. 涂层表面质量检查		W	
		4. 涂层厚度测量		W	
9	包装发运	1. 铭牌检查		W	
		2. 零部件检查		W	
		3. 包装防锈检查		W	
		4. 完工文件检查	R		

连续油管作业车
监造大纲

目　录

前　言

《连续油管作业车监造大纲》是参照GB/T 1.1—2009《标准化工作导则　第1部分：标准的结构和编写》给出的规则起草。

本大纲由中国石油化工集团有限公司物资装备部提出。

本大纲为首次发布。

本大纲起草单位：陕西威能检验咨询有限公司。

本大纲起草人：赵峰、魏嵬、张平、李楠。

连续油管作业车监造大纲

1 总则

1.1 内容和范围。

1.1.1 本大纲主要规定了采购单位（或使用单位）对石油钻井作业中使用的连续油管作业车制造过程监造的基本内容及要求，是委托驻厂监造的主要依据。

1.1.2 本大纲适用于拖装式连续油管作业车制造过程监造，其它形式连续油管作业装置可参照使用。

1.1.3 本大纲中具体技术要求如与采购技术文件不一致时，原则上应以采购技术文件为准。

1.2 监造工作的基本要求。

1.2.1 监造人员要求。

1.2.1.1 监造人员应与所在监造单位有正式劳动合同关系。

1.2.1.2 监造人员应严格依据监造委托合同，履行监造职责，完成监造任务。

1.2.1.3 监造人员应持有不低于中国设备监理协会颁发的专业设备监理师资格证书，监造人员有二年（或以上）的监造业务经验，在相应专业岗位工作三年以上。

1.2.1.4 监造人员应熟悉监造物资的制造工艺，掌握制造过程中的质量技术要求和检验试验关键控制点。

1.2.1.5 监造人员在监造活动过程中应遵守有关保密约定和规定。

1.2.1.6 监造人员应遵守制造厂HSSE或安全生产管理制度的相关规定，严格执行劳保着装和安全防护要求。

1.2.2 监造工作程序。

1.2.2.1 监造人员在开始监造的10个工作日内，对制造厂的人员资质、生产工艺、装备能力和质保体系运行情况进行检查和评估，并向委托方提供质量风险评估报告，明确风险等级（高、中、低、无）。

1.2.2.2 监造单位在收到采购技术文件后，10个工作日内编制完成《监造大纲》。

1.2.2.3 监造单位在获得设计相关图样、制造工艺、质量控制计划、生产进度计划后，15日内编制完成《监造实施细则》。

1.2.2.4 监造人员应配备必要的用于平行检查且检定合格的检测器具。

1.2.2.5 监造人员应按委托方的通知或有关要求参加或组织召开预检验会议，与制造厂对接确定检验试验计划和质量控制点，并经委托方确认。

1.2.2.6 监造人员应组织制造厂质量、技术、生产及经营（项目管理）等相关部门召开监理周例会，通报监造工作情况，协调解决质量进度问题，结合生产进度计划安排后续监造工作，并形成会议纪要。

1.2.2.7 监造人员在监造实施过程中，如发现质量隐患、质量问题以及可能影响交货期的重大因素时，应及时报委托方，并以书面形式通知制造厂，要求制造厂采取有效措施予以整改，若制造厂延误或拒绝整改时，可责令其停工。

1.2.2.8 对于原材料、外购件以及外协加工、外协检测和外协检验试验等过程，监造人员应重点审核质量证明文件、外协单位资质、人员资质、工艺文件和检验试验报告等。并依据监造实施细则和检验试验计划中设置的监造访问点，实施质量控制。

1.2.2.9 实施监造的物资经现场监造人员确认符合标准规范和订单约定后按发货批次开具监造放行单，并报委托方。

1.2.2.10 全部监造工作完成后，应于30日内完成监造总结报告交付委托方。

1.3 监造单位应提交的文件资料。

1.3.1 目录（含页码）（必须）。

1.3.2 产品质量监造报告书（必须）。

1.3.3 监造工作总结（必须）。

1.3.4 监造大纲（必须）。

1.3.5　监造实施细则（必须）。

1.3.6　监造周报（必须）。

1.3.7　设计变更通知及往来函件（如有）。

1.3.8　监造工作联系单（如有）。

1.3.9　监造工程师通知单（如有）。

1.3.10　会议纪要（如有）。

1.3.11　监造放行单（必须）。

1.4　主要编制依据。

1.4.1　GB/T 26429 设备工程监理规范。

1.4.2　SY/T 6761 连续管作业机。

1.4.3　SY/T 7012 连续油管井控设备系统。

1.4.4　SY/T 6895 连续油管。

1.4.5　SY/T 5534 油气田专用车通用技术条件。

1.4.6　GB 7258 机动车运行安全技术条件。

1.4.7　JB/T 5947 工程机械 包装通用技术条件。

1.4.8　采购技术文件。

2　整车配置

2.1　底盘。

2.1.1　装载车及挂车底盘车辆型号、品牌、驱动方式、环保等级等应符合采购技术文件要求，并应有3C证书。

2.1.2　装载车驾驶室配置应符合采购技术文件要求。

2.1.3　挂车底盘前桥、后桥轴载荷分布应符合SY/T 5534规定。

2.1.4　整机的运行安全技术要求应符合GB 7258及采购技术文件要求。

2.1.5　动力系统。

2.1.6　依据采购技术文件要求，审核动力系统的柴油机、电机、液压泵的型号、规格。

2.1.7　检查动力系统启动、停止、急停功能，各项指令应能正常响应。发动机应运转平稳，无异常震动或异响。发动机调试性能指标应符合采购技术文件要求。

2.2　连续油管滚筒装置。

2.2.1　检查滚筒内径、外缘直径、滚筒宽、油管容量，各参数应符合采购技术文件要求。

2.2.2　依据采购技术文件和标准要求，审核连续油管的质量证明文件，连续油管外径、内径、壁厚、力学性能、化学成分分析、工作压力等参数。

2.2.3　检查滚筒装置附属配件的排管器、计数器、旋转接头、连接由壬、油管润滑装置、安装吊杆等，各配件规格型号应符合采购技术文件要求。

2.2.4　主、辅液压系统。

2.2.5　检查液压泵、液压马达、液压阀件及滤清器的品牌、型号、外观质量。

2.2.6　检查辅助液压系统提供动力的范围，该范围应覆盖采购技术文件要求的所有执行部件。

2.3　应急液压系统。

2.3.1　检查BOP应急操作所用的液压蓄能器，其型号、规格、容量、数量应符合采购技术文件要求。

2.3.2　测试手动油泵功能，验证是否能够对防喷器、防喷盒、注入头提供设计要求的动力。

2.4　控制室。

2.4.1　依据采购技术文件要求测试控制室内阀门和控制开关功能。

2.4.2　检查控制室配置的逃生门、防爆玻璃、视野窗金属格栅防护、照明及应急照明、灭火器等，配置情况应符合采购技术文件要求。

2.4.3　检查控制室内操作台阀件、仪表配置，包括注入头控制系统、油管滚筒控制系统、底盘发动机控制系统、防喷器及防喷盒控制系统的配置。

2.5　注入头动力软管滚筒。

2.5.1　检查软管规格型号、外观、长度，审核软管质量证明文件。

2.5.2　测试软管滚筒正反转功能。

2.6 控制动力软管滚筒。

2.6.1 检查软管规格型号、外观质量、长度，审核软管质量证明文件。

2.6.2 测试软管滚筒正反转功能。

2.7 缓蚀剂柱塞泵。检查柱塞泵排量、工作压力等参数。

2.8 数据采集系统。

2.8.1 检查数据采集系统配置完整性，包括数据采集器、便携式计算机、打印机等，具体配置应符合采购技术文件要求。

2.8.2 检查数据采集器采集数据项目，包括但不限于载荷、井口压力、循环压力、连续管起下降速度和深度记录等，具体采集项目应符合采购技术文件要求。

2.9 注入头。

2.9.1 审核注入头性能参数，包括额定拉力、强行入下能力、最大速度、设计承载能力等，各参数应满足采购技术文件要求。

2.9.2 审核注入头最大提升力和最大注入力设计安全系数应大于或等于1.2。

2.9.3 审核驱动齿轮工作齿面硬度应在40HRC~50HRC范围内。

2.9.4 注入头夹持系统应能实现自动对中，确保对夹块和油管均匀加载，且配备夹紧系统及张紧系统蓄能器装置。夹紧系统蓄能器的充氮压力应为夹紧系统最高工作压力的1/4~1/3，张紧系统蓄能器的充氮压力应为张紧系统最高工作压力的60% ~80%。

2.10 防喷系统。

2.10.1 审核防喷器工作压力、内径。

2.10.2 防喷器所有闸阀应有明确的位置指示器。

2.10.3 如有抗硫化氢要求，应依据采购技术文件要求审核防喷器壳体、配件材质及试验报告。

2.10.4 审查防喷盒额定工作压力；检查防喷盒外接油管、密封件接口尺寸。

2.11 随车液压吊。

2.11.1 依据采购技术文件审查液压吊型号、规格。

2.11.2 检查液压吊安装位置，前后支腿及其它配套装置应工作正常。

2.11.3 测试液压吊功能，各伸展、升降功能应正常。

3 专用装置试验

3.1 液压系统试验。

3.1.1 检查主液压系统：发动机运行后，根据采购技术文件检查液压系统压力。

3.1.2 检查液压控制系统：检查液压控制部件动作情况，包括注入头控制、防喷器和防喷盒控制、控制室升举控制、滚筒转动控制等是否正常。

3.1.3 手动液压泵功能：检查手动液压泵工作后液压系统总压力是否增加。

3.1.4 检查应急蓄能系统功能：停止发动机，使用应急储能系统控制相关阀门动作，检查应急蓄能系统是否正常工作。

3.1.5 检查液压系统耐压测试：各系统分支压力调定为额定压力，保压5min，各管线、接头、阀件、液缸等不应有渗漏。

3.2 注入头系统试验。

3.2.1 牵引链条功能：检查注入头牵引链条正反运行动作是否正常，高低挡牵引速度应符合采购技术文件要求。

3.2.2 夹持块功能：检查注入头液压控制管线接线规范性，是否进行了有效的固定。在控制室操作台对夹持块进行夹紧、张紧操作，观察夹持块动作是否到位。观察压力表，检查压力与采购技术文件的符合性。

3.2.3 鹅颈和鹅帽功能：对鹅颈和鹅帽进行操作，检查鹅颈和鹅帽动作是否正确、流畅。

3.2.4 俯仰液压缸功能：对俯仰液压缸进行操作，检查该液压缸动作是否准确、流畅。

3.2.5 紧急制动块功能：对注入头紧急制动块进行操作，检查正在动作的牵引链条是否正确停止，观察注入头紧急制动块压力表压力显示是否满足采购技术文件要求。

3.2.6 最大提升力、注入力检查：测试注入头最大提升力、注入力，使用专用试验加载装置分别提供向下及向上的载荷，直至载荷传感器显示数值达到额定的最大提升力和注入力，并保持2min，结果应符合采购技术文件要求。

3.3 滚筒系统检验。

3.3.1 油管滚筒功能：测试油管滚筒正反转功能，检查油管滚筒计数器是否可正常计数和回零。

3.3.2 注入头液压动力滚筒功能：检查注入头液压动力滚筒控制管路连接正确性和紧固性，检查正反转操作功能，观察动力滚筒正反转功能是否正常，转速合适，动作流畅。

3.3.3 注入头液压控制滚筒功能：测试正反转操作功能。

3.3.4 防喷器（BOP）液压控制滚筒功能：测试BOP控制滚筒正反转功能。

3.4 控制室系统。

3.4.1 控制室液压升举功能：控制室升降应平稳，控制室升举到位后，应具有可靠的液压自锁功能和机械定位装置。

3.4.2 控制箱安装：控制箱内包括PLC控制单元、断路器、熔断器、端子排和控制电缆等。检查元件完整性、标识、安装稳固性、接线规范性。

3.4.3 HMI显示系统：检查HMI系统显示项目及数据是否满足采购技术文件要求。

3.4.4 操作台操作设备和仪表设备检查：操作台面设备包括旋钮、按钮、手轮、手柄和仪表。检查各设备动作是否灵活，对应的功能动作是否正确，标识是否正确。各仪表在停机状态是否能准确归零，仪表量程是否符合采购技术文件要求。

3.5 防喷系统。

3.5.1 防喷器功能：检查防喷器闸阀装置配置应符合采购技术文件要求。

3.5.2 检查防喷器各闸阀动作是否准确、平稳，位置指示是否准确。

3.5.3 测试防喷盒动作是否平稳、准确。

4 包装、发运

4.1 连续管作业装置采用裸装方式，应将注入头、滚筒、导向器、防喷器等固定牢固，其它要求应符合JB/T 5947的规定。

4.2　检查备品备件型号及数量应满足采购技术文件要求。

4.3　随机文件应装在防潮、防雨、防污染的包装箱内。随机文件包括但不限于产品合格证、拖装式整车合格证（如适用）、产品维保手册、交货清单、装箱单。

5　连续油管作业车监造主要质量控制点

5.1　文件见证点（R）：由监造人员对设备材料制造过程有关文件、记录或报告进行见证而预先设定的监造质量控制点。

5.2　现场见证点（W）：由监造人员对设备材料制造过程、工序、节点或结果进行现场见证而预先设定的监造质量控制点，且应包括相关文件见证点（R）质量控制内容。

5.3　停止点（H）：由监造人员见证并签认后才可转入下一个过程、工序或节点而预先设定的监造质量控制点，应包括相关现场见证点（W）和文件见证点（R）质量控制内容。

序号	零部件及工序名称	监造内容	文件见证点（R）	现场见证点（W）	停止点（H）
1	整车配置	1. 底盘配置检查		W	
		2. 动力系统配置检查		W	
		3. 滚筒配置检查		W	
		4. 液压系统配置检查		W	
		5. 操作室配置检查		W	
		6. 缓蚀剂柱塞泵配置检查		W	
		7. 数据采集系统配置检查		W	
		8. 注入头配置检查		W	
		9. 防喷系统配置检查		W	
		10. 随车液压吊配置检查		W	
2	液压系统试验	1. 液压系统运行检查		W	
		2. 液压控制系统运行检查		W	

（续表）

序号	零部件及工序名称	监造内容	文件见证点（R）	现场见证点（W）	停止点（H）
2	液压系统试验	3. 手动液压泵功能检查			H
		4. 应急蓄能系统功能检查			H
		5. 液压系统耐压试验检查			H
3	注入头系统试验	1. 牵引链条功能检查		W	
		2. 夹持块功能检查		W	
		3. 鹅颈和鹅帽功能检查		W	
		4. 俯仰液压缸功能检查		W	
		5. 紧急制动块功能检查			H
		6. 最大提升力、注入力试验			H
4	滚筒	1. 外观检查		W	
		2. 正反转功能测试		W	
		3. 油管滚筒计数器功能		W	
		4. 标识检查		W	
5	控制室系统	1. 控制室举升功能检查		W	
		2. 控制箱安装检查		W	
		3.HMI 系统检查		W	
		4. 操作机构及仪表功能检查		W	
6	防喷系统	1. 防喷器动作功能检查			H
		2. 防喷器闸阀标识检查		W	
		3. 防喷盒功能检查			H
		4. 蓄能器工作下 BOP 及防喷盒动作测试			H
7	包装发运	1. 整车包装检查		W	
		2. 备品备件检查		W	
		3. 随机文件审核	R		